조리기능사, 조리산업기사 출제유형에 맞춘

한국조리

차경옥 · 김명희 · 김희아
노희경 · 손주영 · 이인옥

Craftsman Cook, Korean Food and
Industrial Engineer Cook, Korean Food

(주)백산출판사

한국음식은 우리 민족의 역사와 생활의식이 담긴 고유한 문화유산의 하나입니다

유구한 역사를 지닌 우리나라는 선사시대부터 농경을 바탕으로 하여 갖가지 재료로 다양한 음식을 만들어 왔을 뿐만 아니라 계절과 각종 의식 및 신분계층에 따라 다양한 음식문화를 발전시켜 왔습니다.
오늘날 한국음식은 우리 민족의 고유한 전통을 계승하고 발전시킴과 동시에 과학적이고 체계적인 교육을 필요로 하고 있습니다. 이에 따라 전문적인 조리관련 교육기관이 설립되었으며 각 교육기관에서 훈련받은 전문조리인이 많이 배출되고 있습니다.
본서는 한식조리기능사와 한식조리산업기사를 취득하고자 하는 수험생을 위하여 한국산업인력공단의 검정 기준에 충실하게 내용을 구성하였습니다. 여러 대학에서 한식조리를 담당하고 있는 집필진들의 현장교육 경험을 바탕으로 자격증 취득에 부족함이 없도록 필요한 이론을 요약하여 정리하였고, 출제되는 실기시험 문제의 요구사항과 수험자 유의사항에 따라 시간 내에 작품을 완성할 수 있도록 체계적으로 구성하였습니다.
자격증 실기 출제항목 이외에도 한식 분야의 전문 조리인으로 자리매김하기에 유용한 고급한식요리를 추가하여 한식조리를 공부하는 분들에게 도움이 되도록 하였습니다.

저자들이 의욕을 가지고 열정으로 집필하였으나 자격증을 취득하는 데 있어 무엇보다 중요한 것은 독자들의 꾸준한 연습이라 생각됩니다. 독자 여러분의 아낌없는 조언을 기대하며 한국음식을 공부하고 한식조리기능사와 한식조리산업기사 자격을 취득하고자 하는 모든 수험생들에게 본서가 도움이 되기를 바랍니다. 끝으로 본서가 출판되도록 애써주신 백산출판사 진욱상 사장님과 직원 여러분, 그 외 도와주신 모든 분들께 깊은 감사를 드립니다.

저자 일동

CONTENTS

한식조리기능사 실기 공개문제

CONTENTS

한식조리산업기사 예상문제

고급 한식조리

Korean-style food

PART **1**

이론편

1. 한국음식의 특징
2. 한국음식의 분류
3. 한국음식의 양념과 고명
4. 한국음식의 상차림
5. 한국의 명절음식과 시절음식
6. 한국음식의 식사예절
7. 계량기기와 계량법
8. 위생과 안전관리

1 한국음식의 특징

우리나라는 삼면이 바다로 둘러싸여 있고 사계절의 구분이 뚜렷한 온대기후에 속하여 농사와 축산에 적합한 기후적 특성을 갖고 있다. 또한 대륙과 해양에서 문화를 받아들이고 전해줄 수 있는 반도국가로서의 지리적 위치로 인해 다양한 음식문화가 발달하였다. 예로부터 계절에 따라 생산되는 생선, 곡류, 두류, 채소 등을 사용하여 다양한 부식을 만들었고 장류, 김치, 젓갈 같은 발효식품을 만들어 저장해 두고 먹었다. 절기에 따라 명절음식과 계절음식을 만들었고, 지역마다 특산물을 활용한 향토음식도 발달하였다. 한국 음식문화의 특징은 준비된 음식을 한상에 모두 차려놓고 먹는데 밥을 주식으로 하고, 부식으로 반찬을 곁들인다. 또한 국물이 있는 음식을 즐기며, 반찬의 조리법으로 찜, 전골, 구이, 전, 조림, 볶음, 편육, 숙채, 생채, 젓갈, 장아찌 등의 다양한 조리법이 있다. 간장, 파, 마늘, 깨소금, 참기름, 후춧가루, 고춧가루, 생강 등의 갖은 양념을 사용하며, 음양오행에 따라 오색재료나 오색고명을 사용한다.

1. 일반적인 특징

1) 주식과 부식의 구분이 뚜렷하다.
2) 음식의 종류와 조리법이 다양하다.
3) 음식에 음양오행과 약식동원의 기본 정신이 들어있다.
4) 상차림이 발달하였다.
5) 향토음식과 시절음식 및 발효음식이 발달하였다.

2. 조리법상의 특징

1) 곡물음식의 조리법이 발달하였다.
2) 습열조리법이 발달하였다.
3) 재료를 잘게 썰거나 다지는 섬세한 조리기술이 요구된다.
4) 갖은 양념과 고명을 사용하여 재료 각각의 맛보다는 조화로운 맛을 추구한다.

2
한국음식의 분류

우리 조상들은 삼국시대와 고려, 조선시대를 거치는 동안 대륙의 영향을 받으면서 우리에게 맞는 조리법이 확립되었는데, 크게 주식과 부식, 떡, 한과, 음청류로 구분할 수 있다.

1. 밥

우리 음식의 가장 대표적인 것으로, 주식인 밥은 주로 쌀밥이나 잡곡밥과 비빔밥 등 그 종류가 다양하다. 밥은 곡물을 물에 넣고 끓여서 수분을 충분히 흡수시켜 익힌 다음 뜸을 들이는데, 보통 백미의 경우 부피의 1.2배, 중량의 1.5배의 물을 붓고 밥을 짓는다.

2. 국수

국수는 명절이나 잔치 때 손님 접대용으로 차리고, 보통 때에는 점심이나 간단한 식사로 차린다. 국수는 사용하는 곡물의 재료에 따라 밀국수, 메밀국수, 녹말국수 등으로 나뉘고, 먹는 온도에 따라 온면, 냉면으로 구분된다.

3. 만두와 떡국

만두와 떡국은 간단한 주식으로 상에 내는 음식이다. 만두는 중국에서 유입되어 우리나라의 북쪽지방 사람들이 더 즐겨먹는 음식이며, 남쪽 사람들은 떡국을 즐겨 먹는다. 만두는 껍질의 재료와 속에 넣는 소, 빚는 모양에 따라 다양하다. 밀가루로 만든 밀만두, 메밀가루로 만든 메밀만두, 궁중에서 주름이 없는 반달형으로 빚은 병시, 해삼모양으로 빚은 규아상, 사각형으로 빚은 편수, 둥근 모자 모양으로 빚은 개성편수가 있다. 또한 육류나 어류, 채소류를 섞어 둥글려 간편하게 만든 것은 굴린 만두라 한다. 떡국은 주로 가래떡을 만들어 어슷하게 썰어 육수에 넣고 끓인다. 충청도에서는 쌀가루 반죽을 빚어 생떡국을 끓이고, 흰떡을 누에고치처럼 만들어 끓이는 개성의 조랭이 떡국이 있다.

4. 죽, 미음, 응이

죽, 미음, 응이는 모두 곡류를 끓인 유동음식이다. 죽은 우리 음식 중 일찍부터 발달한 것으로 곡물에 6~7배가량의 물을 붓고 오래 끓여 완전히 호화시킨 음식으로, 잣죽, 전복죽, 깨죽, 호두죽, 녹두죽, 콩죽, 애호박죽, 표고버섯죽 등이 있다. 미음은 곡식을 푹 고아 체에 밭친 것이고, 곡물의 전분을 말려두었다가 쑨 묽은 죽은 응이라 한다.

5. 탕, 국

밥이 주식인 우리 식생활에서 거의 빠지지 않고 밥상에 오르는 음식이 국이다. 국은 토장국, 맑은 장국, 곰국, 냉국으로 나뉘며, 설렁탕, 곰탕, 갈비탕같이 밥을 말아먹는 국물 음식인 탕반(湯飯)도 있다. 국은 수조육류, 어패류, 채소류 등 거의 모든 재료가 사용된다.

6. 찌개, 지지미, 감정, 조치

국보다 국물을 적게 하여 끓인 국물요리를 찌개라고 하며 된장찌개, 고추장찌개, 젓국찌개 등이 있다. 찌개보다 국물을 많이 넣은 것을 지지미라 하고, 장류(醬類)로 간을 한 찌개는 감정으로 불리었으며, 조치는 궁중에서 찌개를 일컫던 말이다.

7. 전골과 볶음

전골은 전골 틀을 이용하여 각종 채소와 버섯, 고기를 즉석에서 볶아 먹는 음식이며, 주방에서 볶아 접시에 담아 상에 올린 음식을 볶음이라고 한다. 전골냄비는 전립(戰笠)을 뒤집어 놓은 모양으로 가운데가 오목하여 육수를 담고, 가장자리는 편편하여 고기 등을 볶을 수 있다.

8. 찜과 선

찜은 국물을 적게 하고 뭉근한 불에서 오래 익혀 만든 음식으로 육류, 어패류 등 동물성 식품을 주재료로 하고 채소와 달걀 등을 부재료로 한다. 쇠갈비찜, 사태찜, 닭찜, 돼지갈비찜, 도미찜 등이 있다. 특히 도미찜은 그 맛이 뛰어나고 모양이 아름다워 승기악탕(勝岐樂湯)으로 불리었다. 반면 식물성 식품을 주재료로 하여 소고기 등을 넣어 찐 음식을 선이라고 한다. 호박선, 오이선, 가지선, 두부선 등이 있다.

9. 구이와 적

구이는 우리나라의 조리법 중 가장 오래된 것으로 수조육류, 어패류, 채소 등을 불에 구운 음식이다. 오늘날 불고기로 불리는 너비아니구이는 소고기를 얇게 저며 양념하여 구운 것에서 그 이름이 유래한 것이며, 소금구이는 방자구이라고 하였다. 또한 소고기와 채소 등을 꼬치에 꿰어 구운 것을 적(炙)이라고 한다. 날 재료를 꿰어서 지지거나 구운 것을 산적, 재료를 꼬치에 꿰어 전을 지지듯 옷을 입혀서 지진 것이 지짐누름적이다.

10. 전유어와 지짐

전(煎)은 기름에 지졌다는 뜻으로 어육류, 채소 등에 간을 하여 밀가루와 달걀을 입혀 지져낸다. 보통 전유어(煎油魚), 저냐, 전이라고 부르나 궁중에서는 전유화(煎油花)라고 불렀다. 간남(肝南)은 제사에 쓰이는 전유어를 말한다. 지짐은 빈대떡이나 파전처럼 밀가루를 푼 것에 재료들을 섞어서 기름에 지져낸 것이다.

11. 나물과 생채

나물은 반상 차림에 가장 기본적인 찬으로 숙채와 생채를 총칭하나 일반적으로 숙채를 이르는 말이다. 나물은 거의 모든 채소를 익혀서 사용한다. 생채는 싱싱한 계절 채소를 초간장, 초고추장, 겨자장에 무친 것으로 산뜻한 맛이 특징이다. 생채의 재료는 날로 먹을 수 있는 모든 채소를 사용한다.

12. 조림과 초(炒)

조림은 일상의 찬으로 소고기, 생선, 채소에 간을 약간 세게 하여 오래 익히는 음식이다. 궁중에서는 조리개라고 하였다. 초(炒)는 홍합과 전복 등을 약간 달고 윤기 있게 조려내는 음식으로 밥반찬과 술안주에 적당하다.

13. 회, 숙회, 강회

육류나 어패류, 채소류를 날것으로 먹는 회는 신선함이 중요하며 생선회, 육회, 소의 내장을 먹는 갑회, 송어회 등이 있다. 살짝 데쳐서 먹는 음식인 숙회는 어채와 두릅회 등이 있다. 강회는 가는 파 또는 미나리에 편육과 지단, 채소 등을 말아 초고추장에 찍어 먹는 음식이다.

14. 편육

소고기나 돼지고기를 통째로 삶은 수육을 얇게 저민 것이 편육이다. 편육은 양념을 하지 않고 얇게 썬 고기 조각을 주로 초간장이나 새우젓국에 찍어 먹는데 고기의 담백한 맛을 즐길 수 있는 조리법이다. 주로 양지머리나 사태를 사용한다.

15. 족편과 묵

족편은 육류의 힘줄, 껍질을 끓여 불용성 콜라겐을 수용성인 젤라틴의 상태로 만들어 굳힌 것이다. 석이버섯, 달걀지단, 실고추 등을 고명으로 사용하며 양념간장을 찍어 먹는다. 반면 묵은 전분질로 풀을 쑤어 응고시킨 것으로 메밀묵, 도토리묵, 청포묵 등이 있다.

16. 장아찌(장과)

제철 채소를 간장, 된장, 고추장, 식초 등에 절여 저장성을 높인 식품을 장아찌 또는 장과라고 한다. 장아찌는 먹기 전에 참기름, 설탕, 깨소금으로 조미해서 먹는다. 오이숙장아찌나 무숙장아찌처럼 익힌 것을 숙장아찌 또는 즉석에서 만들었다 하여 갑장과라고 한다.

17. 튀각과 부각

튀각은 다시마, 미역 등을 기름에 바짝 튀긴 것이고, 부각은 김, 깻잎 등에 풀칠을 한 후 바짝 말려 튀긴 것이다. 튀각이나 부각은 튀겨서 먹는 밑반찬으로 제철이 아닌 때에 먹을 수 있는 별미음식이다.

18. 떡, 한과, 음청류

떡은 우리나라 사람에게 빠질 수 없는 음식으로 만드는 법에 따라 시루에 찌는 떡, 찐 떡을 절구에 치는 떡, 쌀가루를 반죽하여 모양을 빚는 떡, 지지는 떡 등이 있다. 떡은 각종 의례음식이나 절식에 많이 사용한다. 한과는 곡물 가루에 꿀, 엿, 참기름, 설탕 등을 넣고 반죽하여 지지거나 조려서 만든 과자로 천연재료에 맛을 더하여 만들었다는 뜻에서 조과(造菓)라고도 한다. 강정, 유밀과, 숙실과, 과편, 다식, 정과 등이 있다. 음청류는 술 이외의 음료를 총칭하며 만드는 법에 따라 차, 화채, 수정과, 식혜 등이 있다.

3 한국음식의 양념과 고명

1. 양념

양념은 몸에 약처럼 이롭기를 바라는 마음에서 한자로는 '약념(藥念)'으로 표기하며, 재료의 맛과 향을 돋우거나 나쁜 맛을 없애기 위해서 사용하는 것을 말한다. 양념은 그 나라 음식의 맛을 결정짓는 중요한 기본재료이며 양념의 종류, 분량, 음식에 넣는 시기에 의해서 맛이 좌우된다. 한국요리에 쓰이는 주요 양념은 소금, 간장, 된장, 고추장, 고춧가루, 참기름, 들기름, 식용유, 깨소금, 후춧가루, 계핏가루, 산초, 겨자, 식초, 꿀, 물엿, 설탕, 파, 마늘, 생강 등이 있다.

1) 소금

소금은 음식의 맛을 내는 가장 기본적인 조미료로 짠맛을 낸다. 소금의 종류는 제조방법에 따라 호렴(청염), 재염, 재제염 등으로 나눌 수 있다. 호렴은 입자가 굵어 모래알처럼 크다. 대개 장을 담그거나 채소와 생선의 절임용으로 쓰인다. 재염은 호렴에서 불순물을 제거한 것으로 재제염보다는 거칠고 굵으며 간장이나 채소, 생선의 절임용으로 쓰인다. 재제염은 보통 꽃소금이라 불리는 희고 입자가 굵은 소금으로 가정에서 많이 쓰인다. 음식에 넣는 소금의 양은 요리에 따라 다소 차이가 나는데, 보통 맑은 국은 1% 정도, 토장국이나 찌개는 2% 정도, 찜이나 조림에는 간이 더욱 강해야 맛있게 느낀다.

2) 간장

간장은 콩으로 만든 우리 고유의 발효식품으로 음식의 간을 맞추는 중요한 조미료이다. 간장은 늦가을에 흰콩을 무르게 삶고 네모지게 메주를 빚어, 따뜻한 곳에서 곰팡이(황국균)를 충분히 띄워서 말려두었다가 음력 정월 이후 소금물에 담가 숙성시켜 충분히 장맛이 우러나면 국물만 모아 간장물로 쓴다. 숙성된 간장은 아미노산, 당분, 지방산, 방향물질이 생겨 짠맛 이외에 독특한 맛을 내게 된다. 음식에 따라 간장의 종류를 구분하여 사용하는데, 오래된 진간장은 조림, 초, 육포 등에 사용하고, 그 해에 담근 맑은 청장은 국, 찌개, 나물 무침에 사용한다.

3) 된장

된장은 콩으로 메주를 쑤어 띄운 다음, 소금물에 담가 40일쯤 두었다가 소금물에 콩의 여러 성분들이 우러나면 간장을 떠내고 남은 것으로 단백질의 좋은 공급원이 된다. 근래 시판되는 된장은 콩과 밀을 섞어 발효시켜 만들기도 한다. 된장은 주로 토장국과 된장찌개의 맛을 내는 데 쓰이고, 채소 쌈의 쌈장이나 장떡의 재료가 된다.

4) 고추장

고추장은 우리 고유의 간장, 된장과 함께 발효식품으로 세계에서 유일한 매운맛을 내는 복합 발효 조미료이다. 재래식 고추장은 메줏가루, 고춧가루, 찹쌀, 엿기름, 소금 등이 원료이다. 찹쌀가루 반죽에 메줏가루를 혼합하여 젓고, 당화되어 묽어지면 고춧가루를 섞어 소금으로 간을 맞춰 숙성시킨다. 지방에 따라 찹쌀 대신 멥쌀이나 밀가루, 보리 등을 쓰기도 한다. 고추장은 토장국이나 찌개, 생채, 숙채, 조림, 구이 등의 양념으로 쓰인다. 또한 고추장을 볶아 찬으로도 쓰고 쌈장으로도 많이 쓰인다.

5) 고춧가루

고추와 후추는 똑같이 매운맛을 내는 향신료이나 고추는 우리나라 같은 발효음식 문화권에서, 후추는 서구와 같은 유지음식 문화권에서 발달했다. 고추가 우리나라에 들어온 것은 임진왜란이 일어났던 시기이며, 고추와 우리의 된장문화가 이상적으로 절충해 고추장이라는 발효문화의 극치를 이룬 것도 1700년대 후반으로 보인다. 고추는 잘 익고 껍질이 두꺼우면서 윤기가 나는 것이 좋으며, 태양에 말린 고추가 쪄서 말린 고추보다 상품(上品)이다. 용도에 따라 고추장이나 조미용은 곱게, 김치와 깍두기용은 중간 입자로 사용한다.

6) 참기름, 들기름, 식용유

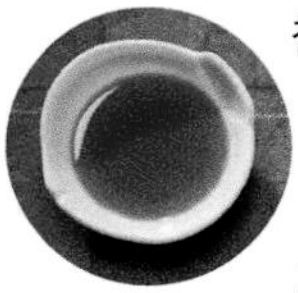

참깨를 볶아 짠 참기름은 우리나라 음식에 가장 널리 쓰인다. 고소한 향과 맛을 내며 나물을 무칠 때와 약과, 약식 등에 쓰인다. 들기름은 들깨를 볶아서 짠 것으로 참기름과 다른 맛과 향기가 있어, 나물을 무치거나 김에 발라 먹는다. 그러나 불포화지방산이 많아 쉽게 산화될 수 있다. 식용유는 콩기름, 옥수수기름, 현미기름, 포도씨기름, 올리브기름 등이 있으며, 전유어나 부침, 볶음 등에 쓰인다.

7) 깨소금

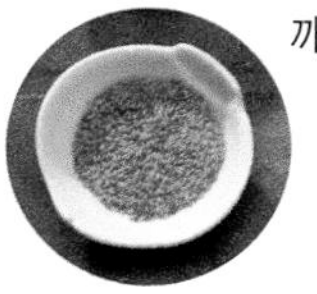

깨소금은 볶은 참깨에 소금을 약간 넣어 반쯤 부서지게 빻은 것이다. 오래두면 눅눅해지고 향이 없어지므로 조금씩 볶아 사용한다.

8) 후추

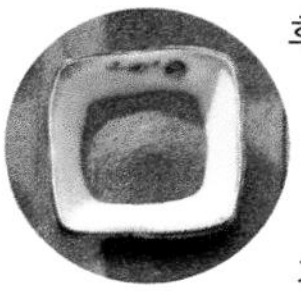

후추는 맵고 향기로운 풍미가 있어 육류요리나 생선요리에 사용한다. 검은 후추는 덜 익은 열매를 뜨거운 물에 담근 후 말린 것이고, 흰 후추는 다 익은 후추를 발효시켜서 과피를 제거한 것이다. 검은 후추는 외피가 그대로 있어, 매운맛과 향이 흰 후추보다 더 강해 고기나 생선의 비린내 제거에 쓰이고, 흰 후추는 깨끗한 음식에 사용한다.

9) 계피

계수나무의 껍질을 말린 것으로 두껍고 큰 것을 육계라고 하고, 작은 나뭇가지를 계지라 한다. 육계는 가루로 만들어 떡이나 한과 등에 사용하고, 계지는 수정과나 계피차로 쓴다.

10) 겨자

갓씨를 가루로 만든 것으로 미지근한 물에 개어 발효시켜 겨자채, 냉채 등에 사용한다.

11) 식초, 술

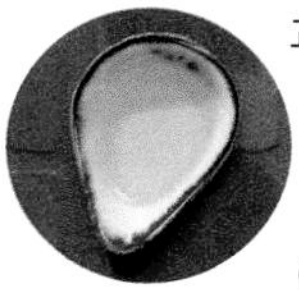

과거에 쓰이던 초는 부뚜막에 초항아리를 놓아 만든 양조초로 독특한 향을 가졌다. 현재 사용되는 식초는 양조식초와 합성식초로 구분되며 곡식, 과실, 알코올로 만든 식초가 양조식초에 해당된다. 식초는 식욕을 돋우어 줄 뿐 아니라 생선의 비린내를 없애고 단백질을 응고시켜 생선살을 단단하게 한다.

12) 설탕

설탕은 가장 많이 사용되는 감미료로, 제조방법에 따라 흑설탕, 황설탕, 흰설탕으로 나누며, 감미도는 흰설탕이 가장 높다.

13) 꿀, 조청, 물엿

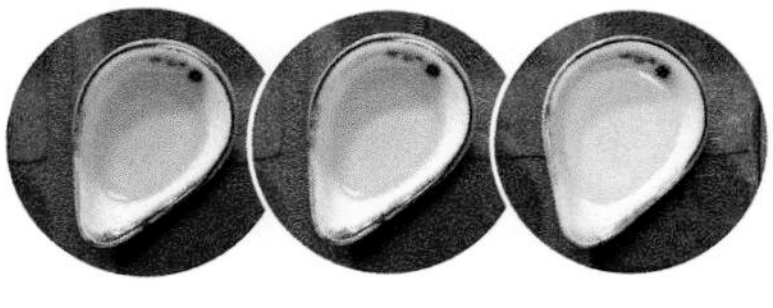

우리나라에서 꿀은 백약의 으뜸이라 하여 식용과 약용으로 널리 사용되었고, 곡류를 엿기름으로 당화시켜 고아 만든 조청은 한과와 조림에 많이 쓰였다. 물엿은 녹말을 효소 또는 산으로 분해시켜 만든 감미료로 설탕보다 당도가 낮으며, 조림 등의 음식에 사용하면 윤기가 난다.

14) 파

중국 고대 문헌인 『예기』에는 '고기 회를 먹을 때 봄에는 파와 더불어 먹고, 가을에는 갓과 더불어 먹는다'는 기록이 있다.

파에는 독특한 자극성분인 황화합물이 함유되어 있어 고기나 생선의 비린내를 제거한다. 파의 종류에는 굵은 파, 실파, 쪽파 등이 있고, 파의 흰 부분은 다지거나 채 썰어 양념으로 쓰는 것이 적당하며, 파란 부분은 채 썰거나 크게 썰어 찌개나 국에 넣는다.

15) 마늘

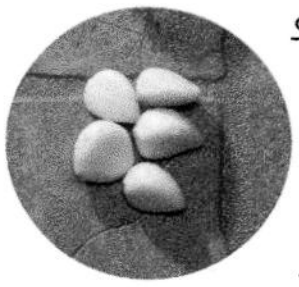

우리나라의 건국신화에도 등장하는 마늘은 항균력이 뛰어난 알리신(allicin)을 함유하고 있으며, 비타민 B_1의 흡수를 촉진한다. 마늘은 밭에서 나는 밭마늘이 논마늘보다 단단하여 보관성이 좋고, 육쪽마늘이 상품(上品)이다. 최근 마늘은 체내에서 과산화물의 생성을 방지하여 항암과 노화억제 등의 기능이 있는 항산화제로 조명 받고 있다.

16) 생강

생강은 쓴맛과 매운맛을 내며 강한 향을 가지고 있어 어패류나 육류의 비린내를 없애주고 육질을 연하게 하는 작용을 한다. 매운맛의 성분은 진저론(zingerone)이다. 생강은 알이 굵고 껍질에 주름이 없는 것이 상품이며, 강판에 갈아 즙을 사용하거나 채 썬 것, 혹은 얇게 저민 것을 사용한다.

2. 고명

고명이란 음식의 겉모양을 좋게 하기 위하여 음식 위에 뿌리거나 덧붙이는 것으로 '웃기' 또는 '꾸미'라고 한다. 한국음식의 색깔은 오행설에 바탕을 두어 붉은색, 녹색, 노란색, 흰색, 검정색의 다섯 가지 색을 기본으로 하므로 고명도 오색고명을 즐겨 사용하였다.

1) 석이버섯

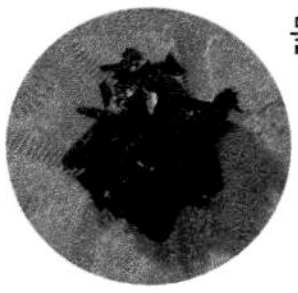

돌돌 말아 채 썰어 고명으로 사용하거나, 곱게 다져 달걀흰자에 섞어 지단을 부친 다음 골패모양으로 썰어 신선로나 전골 등에 사용한다.

2) 목이버섯

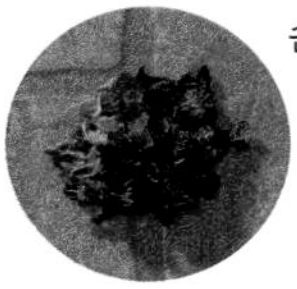

손으로 뜯거나 채 썰어 볶아 고명으로 사용한다.

3) 표고버섯

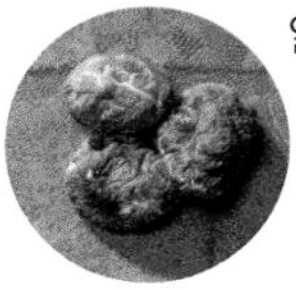

얇게 채 썰거나 은행잎 모양으로 썰어 사용한다.

4) 홍고추, 풋고추

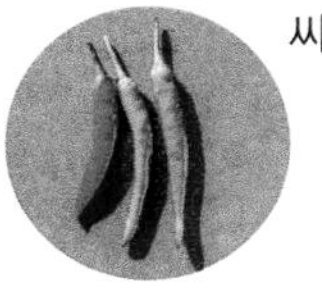

씨를 빼고 채 썰거나 골패형 또는 어슷썰기하여 사용한다.

5) 실고추

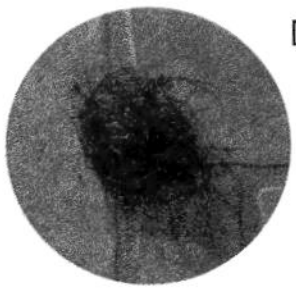

마른 고추의 씨를 빼고 말아 채 썬 것으로 김치나 나물 등에 사용한다.

6) 깨소금

껍질을 벗겨 볶거나 그대로 볶아 사용한다.

7) 잣

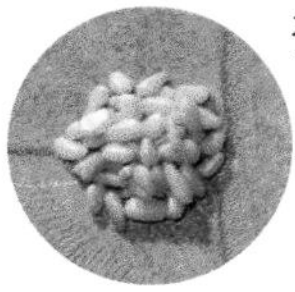

잣은 고깔을 떼 후 통잣 그대로 사용하거나 비늘잣 혹은 잣가루로 사용한다. 통잣은 화채, 수정과, 김치 등에 쓰이고, 비늘잣은 잣을 두 쪽으로 쪼개서 한과나 규아상, 어만두 등에 사용한다. 손질한 잣을 한지 위에 올려 칼날로 곱게 다진 잣가루는 육회나 육포, 홍합초 등에 사용한다.

8) 은행

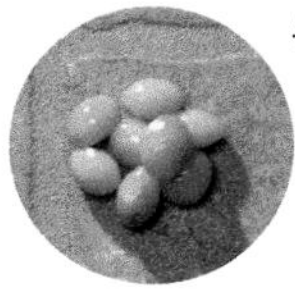

은행은 겉껍질을 벗겨서 기름을 두른 팬에 볶아, 뜨거울 때 마른 행주로 닦아 깨끗이 속껍질을 벗긴다. 신선로나 찜 등에 고명으로 사용한다.

9) 호두

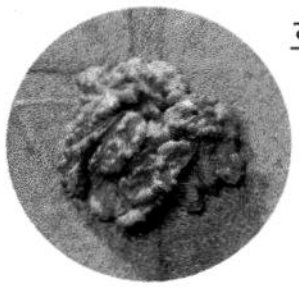

호두는 겉껍질을 벗긴 후 뜨거운 물에 담갔다가 쓴맛을 제거하고, 꼬챙이로 속껍질을 벗겨 사용하며 신선로나 한과 등의 고명으로 사용한다.

10) 대추

대추는 고추와 더불어 붉은색의 고명으로 쓰이며, 단맛이 있다. 과육을 돌려 깎아 씨를 제거하고 채 썰거나 꽃 모양으로 썰어 한과나 김치 등에 고명으로 사용한다.

11) 밤

겉껍질과 속껍질을 말끔히 벗긴 후 채로 썰거나 납작하게 썰어 보쌈김치, 냉채 등에 사용한다.

12) 달걀지단

달걀을 황 · 백으로 나누어 각각 소금을 조금 넣고, 흰자는 알끈을 떼어내고 거품이 일지 않도록 잘 젓는다. 기름을 두른 팬에 불을 약하게 하여 익혀낸다. 채 썰거나 골패형 또는 마름모꼴로 썰어 탕, 찜, 국수장국, 볶음 등에 사용한다.

13) 미나리 초대

미나리의 줄기 부분만 꼬챙이에 가지런히 꿰어 밀가루와 달걀물을 입혀 기름을 두른 팬에 파랗게 지져 마름모나 골패모양으로 썬다. 신선로나 만둣국 등에 사용한다.

14) 알쌈

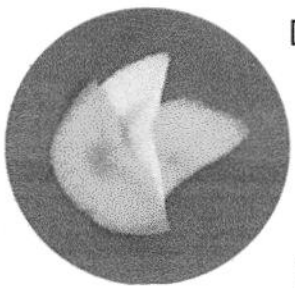

다진 소고기를 양념하여 은행 알 크기가 되도록 둥글게 빚어, 기름을 두른 팬에 익혀낸 다음, 황 · 백으로 갈라놓은 달걀을 팬에 한 숟가락씩 올려 반쯤 익으면 익힌 고기완자를 놓고 반으로 접어 반달 모양으로 지진다.

15) 고기완자

소고기의 살을 곱게 다져 양념한 후 둥글게 빚어 밀가루를 얇게 입히고, 달걀물을 발라 기름을 두른 팬에 굴리면서 지진다. 면, 전골, 신선로의 웃기나 완자탕으로 쓰인다.

4
한국음식의 상차림

한국음식의 상차림은 평면 전개형으로 차려지는 상의 주식이 무엇이냐에 따라 밥과 반찬을 주로 한 반상을 비롯하여 죽상, 면상, 주안상, 다과상 등으로 나눌 수 있다. 또한 상차림의 목적에 따라서도 교자상, 돌상, 제상 등으로 분류한다.

1. 반상차림

밥과 반찬을 주로 하여 차리는 상차림으로 3첩은 서민층, 5첩은 여유 있는 서민층, 7첩과 9첩은 양반층, 12첩은 수라상 차림이었다. 반상은 반찬의 수에 따라 첩 수가 증가되었는데, 첩이란 밥, 국, 김치, 조치(찌개), 종지(간장, 초간장, 초고추장) 등을 제외한 반찬의 수를 의미한다. 기본으로 놓는 것은 밥, 국, 김치, 청장이고, 5첩 반상이 되면 찌개를 놓고, 7첩 반상에는 찜을 놓는다. 전, 회, 편육을 반찬으로 놓을 때에는 찍어 먹을 초간장, 초고추장, 겨자즙 등의 종지도 함께 곁들인다. 김치도 반찬 수가 늘어남에 따라 두세 가지를 놓는다.

첩 수에 따른 반상차림

<table>
<tr><th rowspan="3">반찬
첩수</th><th colspan="5">기본음식</th><th colspan="12">첩 수에 따른 음식</th></tr>
<tr><th rowspan="2">밥</th><th rowspan="2">국</th><th rowspan="2">김치</th><th rowspan="2">장류</th><th rowspan="2">조치류</th><th colspan="2">나물</th><th rowspan="2">구이</th><th rowspan="2">조림</th><th rowspan="2">전</th><th rowspan="2">마른찬</th><th rowspan="2">장과</th><th rowspan="2">젓갈</th><th rowspan="2">회</th><th rowspan="2">편육</th><th rowspan="2">수란</th></tr>
<tr><th>생채</th><th>숙채</th></tr>
<tr><td>3첩</td><td>1</td><td>1</td><td>1</td><td>1</td><td></td><td colspan="2">택1</td><td colspan="2">택1</td><td></td><td colspan="3">택1</td><td></td><td></td><td></td></tr>
<tr><td>5첩</td><td>1</td><td>1</td><td>2</td><td>2</td><td>1</td><td colspan="2">택1</td><td>1</td><td>1</td><td>1</td><td colspan="3">택1</td><td></td><td></td><td></td></tr>
<tr><td>7첩</td><td>1</td><td>1</td><td>2</td><td>3</td><td>2</td><td>1</td><td>1</td><td>1</td><td>1</td><td>1</td><td colspan="3">택1</td><td colspan="2">택1</td><td></td></tr>
<tr><td>9첩</td><td>1</td><td>1</td><td>3</td><td>3</td><td>2</td><td>1</td><td>1</td><td>1</td><td>1</td><td>1</td><td>1</td><td>1</td><td>1</td><td colspan="2">택1</td><td></td></tr>
<tr><td>12첩</td><td>1</td><td>1</td><td>3</td><td>3</td><td>2</td><td>1</td><td>1</td><td>2</td><td>1</td><td>1</td><td>1</td><td>1</td><td>1</td><td>1</td><td>1</td><td>1</td></tr>
</table>

1) 외상 차리기

- 상에 수저 한 벌을 오른쪽에 놓는데 숟가락이 앞쪽, 젓가락이 뒤쪽으로 가도록 나란히 하여 상 끝에서 3㎝ 정도 나가게 놓는다.
- 맨 앞줄에는 밥을 왼쪽, 국을 오른쪽, 찌개를 국 뒤쪽으로 놓는다.
- 종지는 왼쪽에서부터 간장, 초장, 초고추장, 초젓국 등의 순서로 늘어놓는다.
- 김치는 상 맨 뒷줄에 왼쪽부터 밑반찬류(자반, 장아찌, 젓갈 등)와 나물, 생채 등의 찬 반찬을 놓고, 오른쪽에는 더운 반찬인 전, 구이와 회, 편육, 수란, 김구이 등을 먹기 쉽게 놓는다.
- 찜 그릇은 합 또는 조반기에 담아서 찌개 뒤에 놓는다.

2) 겸상 차리기

겸상의 경우는 손님이나 손윗사람이 편하게 들 수 있도록 찬의 위치나 앉는 위치를 고려하여야 한다.

- 외상과 다른 점은 마주 앉기 때문에 수저를 각각 한 벌씩 놓고 밥과 국그릇은 따로 차린다.
- 찌개와 찜은 손님의 가까운 오른쪽에 놓고 종지들도 손님의 가까운 곳에 놓는다. 김치는 찌개와 찜의 뒤쪽으로 놓는다.
- 반찬류 중에서 더운 음식과 고기 음식은 어른이나 손님 가까이에 놓고, 밑반찬은 어린 사람이나 주인 쪽에 놓는다.

2. 죽상차림

죽상은 응이, 미음, 죽 등의 유동식을 중심으로 하고 여기에 맵지 않은 국물김치와 맑은 젓국찌개와 북어보푸라기, 육포 등의 마른 반찬류를 낸다. 죽상에는 짜고 매운 찬은 어울리지 않는다.

3. 면상차림

국수류를 주식으로 하는 상차림으로 점심 또는 간단한 손님접대에 적합한 상차림이다. 주식으로는 온면, 냉면, 떡국, 만둣국 등을 상에 올리며, 반찬으로 찜, 겨자채, 전유어, 잡채, 배추김치, 나박김치 등을 낸다. 술손님일 경우에는 주안상을 먼저 낸 후 면상을 내도록 한다.

4. 주안상차림

술손님을 대접하기 위해 차리는 상으로, 보통 약주를 내는 주안상에는 육포, 어포, 어란 등의 마른안주와 전, 편육, 찜, 신선로, 전골, 찌개 같은 안주 1~2가지, 그리고 생채류와 김치, 과일 등을 내며 떡과 한과류를 곁들이기도 한다. 찌개는 기호에 따라 얼큰한 고추장찌개나 매운탕 등을 올려도 좋다.

5. 교자상차림

명절이나 잔치 등 여러 사람이 둘러 앉아 먹기 위해 차리는 상차림으로 면, 떡국, 탕, 찜, 전유어, 편육, 회, 숙채, 생채, 마른 반찬, 숙실과, 생실과, 화채 등 계절과 손님의 식성에 맞추어 차린다. 얼교자상은 교자상보다 간단하게 차린 상을 말한다.

6. 다과상차림

식사대접이 아닌 손님에게 차와 함께 내는 후식상으로 차와 함께 각색 편, 유밀과, 다식, 숙실과, 생실과 등을 준비한다. 특히 계절에 잘 어울리는 떡, 생과, 음청류를 잘 선택하여 계절감을 살리는 것이 좋다.

7. 큰상차림

혼례, 회갑, 희년(만 70세), 회혼례(결혼 61년째) 등에 차리는 경축 상차림으로 높이 고이는 상이라 하여 고배상 또는 망상이라 한다. 음식은 떡, 숙실과, 견과, 유밀과, 당속류 등을 높이 괴어 상의 앞쪽에 색을 맞추어 배상하고 가화(假花)로 장식한다. 면류를 주식으로 한 교자상을 차리며 음식은 조금씩 담고, 그 외 국물 있는 더운 음식을 상 받는 분 앞으로 차려 놓는다. 괴는 음식류는 계절, 가풍, 형편 등에 따라 다르며, 각 음식을 괴는 높이는 홀수로 하는 관습에 따라 5치, 7치, 9치로 하고 접시의 종류도 홀수로 한다. 근래에는 간소화되어 큰상을 준비하는 일이 별로 없으며 괴는 높이도 구분이 없다.

8. 제사상차림

제사를 모실 때 차리는 상으로 그 형식은 소상, 대상, 기제사, 절사, 묘제 등 제사의 종류와 가문의 전통에 따라 달라진다. 일반적으로 제사는 고인이 돌아가신 전날 저녁 늦게 지내며, 상은 검은 칠상을 주로 사용하며 진설도 생전에 놓는 법과 반대이다. 제기의 경우는 보통 나무, 유기, 사기로 되어 있는데 높이 숭상한다는 의미로 굽이 달려 있다.

1) 제사상의 진설법

제례는 가가례라고 하여 집안과 고장에 따라 제물과 진설법이 다른데, 대체로 다음과 같은 방법을 따른다.

- 신위의 바로 앞쪽인 제1열 중앙에 시접, 잔반, 초첩을 놓는다. 이때 잔반과 초첩은 잔서라고 하여 시접을 중심으로 술잔은 시접의 서쪽에, 초첩은 시접의 동쪽에 놓는다.
- 제1열에 메(밥)와 갱(국)을 올린다.
  (반서갱동(飯西羹東) – 메는 서쪽에, 갱은 동쪽에 놓는다.)

- 제2열에는 면과 편(떡)을 올린다. 그리고 그 가운데에 탕을 올린다.
  (면서병동(麪西餠東) – 면은 서쪽에, 편은 동쪽에 놓는다.)
  (어동육서(魚東肉西) – 소탕을 중앙에 차리고, 동쪽에 어탕을, 서쪽에 육탕을 올린다.)
- 제3열에는 전과 초장을 올린다. 가운데에는 적을 놓는다.
  (어동육서(魚東肉西) – 생선전은 동쪽에, 고기전은 서쪽에 놓는다.)
  (두동미서(頭東尾西) – 머리는 동쪽, 꼬리는 서쪽으로 놓는다.)
- 제4열에 포, 해, 나물, 김치 등을 놓는다.
  (좌포우해(左脯右醢) – 포는 왼쪽에, 해는 오른쪽에 놓는다.)
- 제5열에는 과실과 조과를 놓는다. 그리고 그 가운데에 조과를 놓는다.
  (홍동백서(紅東白西) – 붉은색의 과일은 동쪽에, 흰색의 과일은 서쪽에 놓는다.)
  (조율시이(棗栗柹梨)라고 하여 대추, 밤, 감, 배의 순으로 놓기도 한다.)

5 한국의 명절음식과 시절음식

우리나라는 기후, 계절과 밀접한 관계가 있는 농경 위주의 식생활을 해 온 관계로 예로부터 세시풍속이 발달하였다. 세시음식은 절식과 시식으로 나뉘는데, 절식이란 다달이 있는 명절에 차려 먹는 음식이고, 시식은 계절에 따라 나는 식품을 이용하여 만든 음식을 말한다.

1. 절식

1) 설날(음력 1월 1일)

묵은해를 보내고 새해의 첫날을 맞아 새로운 몸가짐으로 가내 만복을 기원하며 세찬과 세주를 마련하여 조상께 차례를 올린다. 떡국과 함께 만두, 약식, 인절미, 편육, 빈대떡, 강정류, 식혜, 수정과, 나박김치, 장김치 등과 함께 세주를 차린다.

2) 정월 대보름(음력 1월 15일)

신라시대부터 지켜온 명절로 달이 가득 찬 날이라 하여 재앙과 액을 막는 제를 지내는 날이다. 정월 대보름의 가장 대표적인 음식은 약식으로 찹쌀에 대추, 밤, 참기름, 꿀, 진간장을 버무려 거무스름하게 쪄낸 찰밥이다. 또한 보름날 청주 한 잔을 데우지 않고 마시면 귀가 밝아진다고 하는 귀밝이술과 오곡밥, 묵은 나물, 부럼과 함께 원소병을 차려낸다.

3) 입춘

봄의 시작을 알리는 명절로 입춘오신반이라 하여 움파, 산갓, 당귀 싹, 미나리 싹, 무 등 5가지의 시고 매운 생채요리를 만들어 미각을 돋우었다. 음식으로는 탕평채, 달래장, 냉이나물, 산갓김치 등이 있다.

4) 중화 절식(음력 2월 1일)

음력 2월 초하루를 농사일을 시작하는 날로 삼고 노비일로 불렀다. 까만콩, 푸른콩, 팥 등을 넣어 손바닥만 하게 노비송편을 만들어 이를 나이 수대로 머슴에게 나누어 먹여 머슴들을 위로하였는데, 권농과 인사관리의 의미가 깊다.

5) 삼월 삼짇날(음력 3월 3일)

강남 갔던 제비가 돌아온다는 봄을 즐기는 날로, 들에 나가 두견화전, 화면, 진달래화채, 쑥떡 등을 만들어 먹고 노는 화전놀이를 했다.

6) 한식(음력 4월 5일)

동지로부터 105일째 되는 날로 청명절이라고도 한다. 우리나라에서는 1년에 네 번(정초, 한식, 단오, 추석) 성묘를 하는데, 그중 한식과 추석이 가장 잘 지켜진다. 성묘 갈 때 가지고 가는 음식은 약주, 과일, 포, 식혜, 떡, 탕, 적 등이다.

7) 4월 초파일(음력 4월 8일)

석가탄신을 경축하는 날로 집집마다 등을 달고 손님을 초대하며 등석절식이라고도 한다. 절식으로 느티떡, 녹두 찰떡, 화전, 미나리나물, 화채, 미나리강회, 웅어회, 청면, 제육편육, 햇김치 등이 있다.

8) 단오(음력 5월 5일)

단오날에는 부녀자들이 창포뿌리를 머리에 꽂거나 창포 삶은 물에 머리를 감는다. 여자들은 그네놀이를, 남자들은 씨름을 명절놀이로 즐긴다. 수레바퀴 모양의 수리취떡, 알탕, 제호탕, 도미찜, 준치국, 붕어찜, 어채, 앵두화채 등을 먹는다.

9) 유두(음력 6월 15일)

음력 6월 보름에 동으로 흐르는 물에 머리를 감고 재앙을 푼 다음, 음식을 만들어 여름을 즐기던 날이다. 절식으로는 떡수단, 증편, 편수, 보리수단, 상추쌈, 상화병, 밀쌈 등이 있다.

10) 삼복

초복, 중복, 말복을 합하여 삼복이라 하며, 가장 더운 절기로 몸을 보신하기 위한 음식을 즐겼다. 절식으로는 육개장, 삼계탕, 개장국, 임자수탕, 민어국 등이 있다.

11) 칠월 칠석(음력 7월 7일)

음력 7월 7일을 칠석일이라 하며, 견우와 직녀가 만나는 날이다. 부녀자들은 마당에 바느질 채비와 음식을 차려 놓고 길쌈과 바느질을 잘하게 해달라고 기원하였다. 절식으로는 밀전병, 증편, 밀국수, 취나물, 고비나물, 잉어, 넙치, 복숭아화채, 오이소박이 등이 있다.

12) 한가위(음력 8월 15일)

설날과 함께 가장 큰 명절로, 햇곡식을 추수하여 떡을 빚고 밤, 대추, 감 등의 햇과일로 선조께 차례를 지내고 성묘하는 날이다. 절식으로는 송편, 토란탕, 화양적, 지짐누름적, 송이산적, 율란, 조란, 밤초, 햇과일 등이 있다.

13) 중구(음력 9월 9일)

삼월삼짇날에 온 제비가 다시 강남으로 떠나는 날이다. 절식으로는 국화전, 국화주, 국화화채, 도루묵찜, 호박고지시루떡, 단자 등이 있다.

14) 10월 상달(무오일)

10월에는 각 가정마다 길일을 택하여(대부분 무오일) 햇곡식으로 술을 빚고, 증병을 만들어 마구간에 놓고 말이 잘 크고 무병하기를 빈다. 절식으로는 무시루떡, 유자화채, 국화전 연포탕, 신선로 등이 있다.

15) 동지

액을 막는다는 뜻을 가진 액막이 절식으로 붉은 팥죽을 쑤어 장독대와 대문 주위에 뿌려 귀신을 쫓았다. 절식으로 찹쌀 새알심을 넣은 팥죽, 동치미 등이 있다.

16) 납향

동지 후 세 번째 오는 미일을 납일이라 하여 한 해 동안 지은 농사 형편을 여러 신에게 고하는 제사를 말한다. 제물은 사냥해 온 멧돼지나 산돼지를 썼는데, 사냥한다는 뜻의 '납'을 써 납향이라 한다.

2. 시식

1) 봄철 시식

봄철에는 새로운 식품이 여러 가지 나오므로 시식의 종류가 다양하다. 탕평채, 수란, 모시조개탕, 애탕, 생선조기탕, 웅어회, 미나리를 넣어 끓인 복탕, 도미탕이나 찜 등이 별미이며, 개피떡, 대추찹쌀시루떡, 쑥버무리 등을 봄철 별미로 즐겼다. 봄철의 계절주로는 두견화주, 도화주, 송순주, 이강고, 죽력고 등이 있다.

2) 여름철 시식

초여름이면 햇밀과 햇채소로 밀쌈, 증편, 상화병을 만들었다. 삼복 중에는 햇밀가루로 칼국수, 수제비, 밀전병 등과 민어를 소금에 절여서 말린 암치지짐, 어채, 임자수탕, 편수, 호박지짐, 삼계탕 등을 여름철 별미로 즐겼다. 또한 수박과 참외, 복숭아 등 여름 과일로 더위와 갈증을 달랬다.

3) 가을, 겨울철 시식

가을과 겨울철에는 전골 또는 신선로, 메밀만두, 밀만두, 갈비찜, 너비아니구이, 두부찌개, 호박고지시루떡, 무시루떡 등을 시식으로 즐겼다. 청어, 대구, 전복 등의 찬물과 냉면, 비빔국수, 동치미, 수정과 등을 겨울철 별미로 즐겼다.

6 한국음식의 식사예절

우리의 식사예절은 비교적 단순하여 일반적인 상식이나 예의에 크게 벗어나지 않으면 된다. 식사예절은 평소 몸에 익숙해야 하므로 바른 식사습관을 들이는 것이 중요하다.

1. 식사 시작 예절

- 웃어른께서 자리에 앉으신 후에 아랫사람이 앉도록 한다. 주빈은 중앙에 앉히고, 주인은 문 가까운 쪽에 앉아 시중을 들도록 한다.
- 상을 내려놓은 뒤 상 앞에 앉아서 두 손으로 뚜껑을 열어 드린다. 뚜껑은 찬류를 연 다음 밥과 국그릇은 맨 나중에 연다. 뚜껑은 곁상이나 쟁반에 포개어 놓는다.
- 웃어른이 수저를 드신 후에 아랫사람이 들도록 한다.

2. 식사 중 예절

- 식사를 시작할 때는 반드시 수저로 국물 있는 음식을 먼저 뜬 후에 다른 음식을 먹는다.
- 밥그릇이나 국그릇을 손으로 들고 먹지 않는다.
- 수저와 젓가락을 함께 들지 않으며, 수저와 젓가락을 그릇에 걸치거나 얹어 놓지 않는다.
- 국은 수저로 소리 내지 않고 떠서 먹으며, 다른 찬은 젓가락으로 먹는다.
- 먹는 중에 수저에 음식이 묻어 남지 않도록 한다.
- 수저로 뜬 음식이나 젓가락으로 집은 반찬은 베어 먹거나 다시 그릇에 놓지 않는다.
- 여럿이 함께 하는 음식은 앞 접시에 덜어서 먹도록 한다.
- 국에 밥을 말아서 먹는 것은 식사 예법에 벗어나는 일이므로 되도록 따로 먹도록 한다.

- 마시거나 먹는 소리 및 수저 또는 그릇이 부딪치는 소리가 나지 않도록 주의한다.
- 입 안의 음식이 보이거나 튀어나오지 않도록 주의한다.
- 밥이나 반찬을 뒤적거리지 말고, 먹지 않는 것을 골라내거나 양념을 털어 내지 않는다.
- 서두르거나 지나치게 늦게 먹지 말고, 다른 사람들과 함께 끝낼 수 있도록 조절한다.
- 상 위나 바닥에 음식을 흘리지 않는다.
- 밥과 국그릇에 찌꺼기가 붙지 않게 깨끗하게 먹는다.

3. 식사 끝의 예절

- 숭늉은 대접에 담아 쟁반에 받쳐서 낸다. 먼저 국그릇을 내리고 그 자리에 숭늉 대접을 올려 놓는다.
- 물을 마실 때는 양치질 또는 트림을 하지 않는다.
- 웃어른보다 먼저 식사를 끝낸 경우, 수저를 상 위에 놓지 말고 국그릇에 걸쳐 두었다가 어른이 수저를 놓으신 후에 내려놓는다.
- 식사 후 수저를 처음 위치에 가지런히 놓고 사용한 냅킨은 대강 접어서 상 위에 놓는다.
- 식사 후 상에서 이를 쑤시지 않으며, 혹시 사용할 경우에는 한 손으로 입을 가린다. 그리고 사용한 후에는 남에게 보이지 않게 처리한다.
- 어른이 일어나시기 전에 먼저 일어나지 않는다.

7 계량기기와 계량법

식품의 계량은 과학적인 방법을 이용하여 정확한 조리를 하기 위한 첫 번째 시작 단계로, 식품을 낭비 없이 맛있게 조리하려면 재료의 분량이나 배합이 알맞아야 하고 조리의 온도나 시간이 적절하여야 한다. 그러므로 계량하고자 하는 식품의 상태에 따른 적절한 계기의 선택과 정확한 계량법을 익히는 것은 매우 중요한 작업이다.

1. 중량재기

1) 아날로그 계량저울

고기나 채소, 두부 등 컵으로 잴 수 없는 재료, 1컵 이상의 가루 제품으로 1~2kg까지 잴 수 있는 접시저울이 비교적 정확하다. 저울을 평평한 곳에 놓고 바늘의 위치가 "0"에 있는지 확인한 후 식품을 저울의 중앙에 올려 바늘이 정지되었을 때 저울과 같은 높이의 정면에서 눈금을 읽는다.

2) 디지털 계량저울

아날로그 저울보다 정확히 잴 수 있는 장점이 있다. 식품을 담을 수 있는 그릇을 저울에 올린 후 영점을 맞춘 다음 식품을 올려 무게를 잰다.

2. 부피재기

1) 계량스푼

용도 : 양념 및 조미료 등을 잴 때 자주 사용한다.

종류 : 1 Table spoon(15cc), 1 tea spoon(5cc), 1/2 tea spoon, 1/4 tea spoon

사용법

(1) 액체

스푼의 가장자리를 넘기지 않을 정도로 담는다. 이때 표면장력에 의해 약간 볼록하게 부풀어 오른 상태가 정확한 양이다.

(2) 가루

조미료, 설탕, 녹말가루 같은 가루재료는 먼저 스푼에 가득 담은 후에 표면을 평평하게 깎아냈을 때의 양이 정확하다.

2) 계량컵

용도 : 밀가루, 소금, 물, 간장, 버터 등 컵으로 잴 수 있는 재료

종류 : 1컵, 1/2컵, 1/4컵

사용법

(1) 액체

액체와 같은 높이에서 계량컵의 눈금을 읽는다.

조청, 기름, 꿀과 같이 점성이 높은 것은 구분된 계량컵을 사용한다.

(2) 지방

버터, 마가린, 쇼트닝과 같은 지방식품은 구분된 계량컵을 사용한다.

실온에서 컵에 꼭꼭 눌러 담은 후 수평으로 깎아서 계량한다.

(3) 가루

가루재료는 체에 쳐서 담는다. 누르거나 흔들지 말고 담되, 윗면이 수평이 되게 깎아서 계량한다. 황설탕은 꾹꾹 눌러 컵 모양이 나오도록 하여 계량한다.

(4) 알갱이 상태

쌀, 팥, 후추, 깨 등의 알갱이 상태의 식품은 계량컵이나 계량스푼에 가득 담아 살짝 흔들어서 표면을 평면이 되도록 깎아서 계량한다.

계량 단위
1컵 = 1C = 물 200cc = 약 13큰술 + 1작은술
1큰술 = 1 Table Spoon = 1tbsp = 물 15cc
1작은술 = 1 tea spoon = 1tsp = 물 5cc
쌀 1가마 = 10말 = 80kg
1말 = 10되
1관 = 3.75kg
1근 = 600g(육류, 고추), 1근 = 375g(채소, 과일)

조미식품의 중량(g)							
식품명	1작은술	1큰술	1컵	식품명	1작은술	1큰술	1컵
물	5.0	15.0	200	마늘(다져서)	3.0	9.0	120
간장	5.7	17.0	230	파(다져서)	3.0	9.0	120
식초	5.0	15.0	200	생강(다져서)	3.0	9.0	120
술	5.0	15.0	200	깐마늘	–	–	110
소금(호렴)	2.7	8.0	130	깐생강	–	–	115
소금(재제염)	2.7	8.0	130	화학조미료	3.5	10.5	140
설탕	4.2	12.5	150	고춧가루	2.0	6.0	80
꿀, 물엿, 조청	6.0	18.0	292	계핏가루	2.0	6.0	80
식물성유	3.5	11.0	180	겨잣가루	2.0	6.0	80
참기름	3.5	12.8	190	후춧가루	3.0	9.0	120
고추장	5.7	17.2	260	깨소금	3.0	7.0	90
된장	6.0	18.0	280	깨소금	3.0	8.0	120
새우젓	6.0	18.0	240	밀가루	3.0	8.0	105
멸치액젓	6.0	18.0	240	녹말가루	3.0	7.2	110

3. 시간재기

1) 타이머

용도 : 조리시간 재기

사양 : 아날로그 타이머, 디지털 타이머

사용법 : 필요한 조리시간을 맞춘다.

4. 온도재기

1) 온도계

용도 : 조리과정에서 온도 재기

사양 : 아날로그 온도계, 레이저 온도계, 디지털 온도계

사용법

- 아날로그 온도계 : 온도계의 수은주 부위가 그릇의 바닥에 닿지 않게 용액의 중심에 놓는다. 눈의 높이를 온도계의 눈금 위치에 맞추어 읽는다.
- 레이저온도계 : 비접촉식 온도계로 측정하고자 하는 식품 외관의 온도를 체

크하여 표시된 눈금을 읽는다.

- 디지털 온도계 : 온도감지 센서를 식품 내부의 중심 부분에 찔러 넣어 정확한 내부 온도를 측정하는 것으로 고기를 로스팅 할 때 용이하다.
- 측정 단위 : 보통 섭씨(℃)와 화씨(℉)를 사용한다.

Celsius(℃) = 5/9(℉−32)

Fahrenheit(℉) = 9/5(℃+32)

5. 식재료의 팽창 비율

식품을 조리할 때 평소 자주 사용하는 마른 식재료를 불리거나 삶을 때 식품의 팽창 비율을 알고 있으면 매우 편리하다.

식품의 팽창 비율

식품	팽창 비율(배)	식품	팽창 비율(배)
당면(불린 것)	6.4	말린 나물(고사리, 호박오가리,무말랭이 물에 불렸을 때)	6~7
당면(삶은 것)	3	표고버섯(물에 불렸을 때)	10
마른국수	3	표고버섯(삶았을 때)	9.1
젖은 국수(생면, 칼국수)	2.2	목이버섯(물에 불렸을 때)	8
미역(물에 불렸을 때)	8~9	목이버섯(삶았을 때)	6
건오징어(물에 불렸을 때)	4.4	석이버섯(물에 불렸을 때)	2.8
다시마(물에 불렸을 때)	3	–	–

8 위생과 안전관리

1. 개인위생

식품을 취급하는 자는 식품으로부터 발생되는 질병을 예방하는 중요한 역할을 하기 때문에 위생적인 측면이 매우 중요시된다. 따라서 식품을 취급하는 자는 적절한 손의 위생관리와 더불어 조리 시 위생적인 복장을 하고 개인위생관리에 철저해야 하며, 식품을 다루는 데 있어서도 주의를 요한다.

1) 손 세척

개인위생에서 가장 중요한 것이 손을 자주 씻는 것이다. 손 씻는 횟수보다 더욱 중요한 것은 손을 씻는 방법이다. 손을 세척하는 경우는 따뜻한 흐르는 물에 손을 적셔 비누를 사용하여 최소한 30초간 손을 서로 문질러서 씻는다. 손가락 사이와 손톱 밑부분까지 깨끗하게 한 후 흐르는 물에 손을 헹구고, 핸드 드라이어 또는 깨끗한 일회용 휴지를 이용하여 말린다.

2) 자상과 찰과상 관리

자상은 칼로 베인 상처를 말한다. 손에 상처가 생기면 식중독의 원인균인 황색포도상구균의 감염 가능성이 있다. 염증이나 상처는 치료하고 깨끗한 위생장갑이나 손가락 위생장갑을 착용한다. 손에 밴드를 사용하였다면 상처가 아물 때까지 손으로 식품을 취급하지 않는 것이 좋다.

3) 머리와 목욕

식품 취급자는 작업을 시작하기 전에 목욕이나 샤워를 하고 머리끈과 위생모를 사용하여 식품으로 머리카락이 떨어지는 것을 막고 무의식 중에 머리에 손을 대지 않도록 주의한다. 더러운 머리카락은 미생물 병원체가 잠복할 수 있으며 비듬도 식품 속이나 식품 표면에 떨어질 수 있다.

4) 복장 관리

깨끗한 위생복을 착용한다. 식품을 취급하는 장소나 조리실에서 다른 곳으로 이동할 경우에는 위생복 또는 앞치마를 벗고 이동한다. 특히 화장실이나 쓰레기장으로 이동할 때 주의한다. 또한 적절한 신발을 착용한다. 깨끗한 신발을 착용할 뿐만 아니라 조리장에서 미끄러지거나 안전 사고에 노출되지 않도록 발가락을 덮는 형태의 굽이 낮은 신발을 착용하도록 한다. 장신구는 하지 않는다. 반지, 시계와 같은 장신구는 미생물과 오염물질이 서식하기 쉬운 장소이므로 조리 시 이와 같은 장신구를 사용하면 식중독을 유발할 수 있다. 따라서 장신구는 조리작업 중 착용하지 않아야 하며 손톱을 짧게 깎고 청결하게 씻어야 한다.

2. 주방위생

1) 설비 세척 및 주방 청소

주방위생의 기본은 주방기기 및 기물 등의 세정과 소독을 철저히 하는 데 있다.

(1) 도마와 칼

뜨거운 물로 씻고, 세제를 묻힌 스펀지 등으로 더러움을 제거하고 흐르는 물로 세제를 씻어낸 다음 80℃의 뜨거운 물에 5분간 담근 후 세척한다. 또는 200ppm의 차아염소산나트륨 용액에 5분간 담근 후 세척하여 완전히 건조시킨 후 사용한다.

(2) 행주

뜨거운 물에 담가 1차 세척하고, 식품용 세제로 씻어 깨끗한 물로 헹군 다음 100℃에서 5분 이상 자비 소독한다. 의류용 세제에는 형광염료가 포함되어 있는 것이 있는데, 식품에 접하는 것에 형광염료를 사용하는 것은 식품위생법으로 금지되어 있으므로 사용을 금한다.

(3) 조리기기

기계 본체와 부품을 분해할 수 있는 경우, 본체와 부품을 분해하여 뜨거운 물과 세제를 이용하여 더러움을 제거하고 흐르는 물로 세제를 씻어낸다. 부품은 80℃의 뜨거운 물에 5분간 담근 후 세척하거나 200ppm의 차아염소산나트륨 용액에 5분간 담근 후 세척하여 완전히 건조시킨 후 재조립한다. 분해할 수 없는 기계류는 더러운 곳을 제거한 후 청결한 행주 등으로 닦아 소독용 알코올을 분무한다.

(4) 주방 청소

싱크대는 식품의 준비 전후에 반드시 청소하고 위생처리하며 습기를 제거한다. 주방 바닥은 바닥용 세제를 준비하여 쓰레기를 치운 후 바닥 브러시를 이용하여 고루 닦는다. 특히 기름때를 잘 제거하고 문지르는 작업이 끝나면 물을 이용하여 세제가 남지 않도록 헹구어 준다. 바닥 스퀴저로 물기를 제거한다.

2) 해충 방지

(1) 바퀴의 구제

바퀴 구제의 기본은 청소와 정리 정돈으로 깨끗한 유지관리를 통해 바퀴의 먹이가 없도록 하는 것이 중요하다. 바퀴의 통로나 흔적이 있는 장소에 페니트로치오나 카바에이트계 등의 유제를 분무, 도포한다. 1개월 경과 후 한 번 더 실시하면 효과적이다.

3. 안전관리

1) 칼 사용 시 안전사고 예방수칙

① 칼을 사용할 때는 손가락을 이용하여 칼의 날카로운 정도를 확인하면 안 된다. 이때는 적당한 채소나 종이 등을 이용하는 것이 좋다.

② 조리 도중에 칼을 떨어뜨렸을 경우 절대 손이나 발로 잡으려 하지 말고 피해야 한다.

③ 칼은 싱크대에 넣어두지 않아야 한다. 세척을 위해 사용한 조리도구들과 함께 싱크대에 넣어두면 설거지 도중에 부상의 위험이 있으므로 항상 따로 씻어서 보관해야 한다.

④ 칼을 닦을 때 칼의 등 쪽에서부터 조심스럽게 닦아야 한다.

⑤ 식재료 아래에 칼을 두지 않는다. 또한 타월이나 행주 등으로 칼을 덮어놓지 말아야 하고, 누구든지 칼을 볼 수 있도록 해야 한다.

⑥ 칼을 테이블 위에 놓아 둘 때는 테이블 끝에 놓아서는 안 되며, 칼날이 작업자와 반대 방향으로 향하도록 놓아두어야 한다.

⑦ 다지거나 슬라이스하거나 썰 때 손가락 끝을 고리 모양으로 하여 식자재를 쥠으로써 손가락이 베이는 것을 방지할 수 있다.

2) 넘어짐 방지

① 엎지른 것을 즉시 닦아낸다.

② 미끄러운 지점에 소금을 뿌려 미끄러지지 않게 한다.

③ 통로와 계단을 깨끗하게 하고 방해물을 제거한다.

④ 뛰지 말고 걷는다.

3) 기계와 설비로부터의 부상 방지

① 작동방법을 모르는 장비는 사용하지 않는다.

② 장비의 모든 보호장치와 안전장치를 사용한다.

③ 분해하거나 세척하기 전에 반드시 플러그를 뽑는다.

④ 손이 젖어 있을 때 전열기구를 만지거나 다루지 않는다.

⑤ 전기기구 사용 후에는 기구의 스위치를 끈 다음 코드를 뽑는다.
⑥ 꼭 맞는 옷을 입고 앞치마 줄을 꼭 매서 기계에 걸리지 않도록 한다.
⑦ 그릇이나 기구는 올바르게 쌓아 안정되어 떨어지지 않게 한다.

4) 화재예방

① 소화기가 어디에 있는지, 어떻게 사용하는지 사용법을 익히고 화재의 종류에 맞는 올바른 종류의 소화기를 사용한다. 주방에는 가연성 요리 재료를 포함한 식용유화재에 사용할 수 있는 K급 소화기를 설치하여야 하며, 전기화재에 물을 사용하면 감전의 위험이 있다.
② 레인지 위의 화재를 끄기 위해 소금이나 베이킹 소다를 손닿는 가까운 곳에 보관한다.
③ 레인지에 뜨거운 기름을 놓아두지 않는다.
④ 화재경보가 울렸을 때, 자신이 여유가 있으면 주방을 떠나기 전에 모든 가스와 전기 기구를 끈다.

Korean-style food

PART 2

실기편

1

기초조리

1. 양념 다지기

1) 마늘

마늘에 십자 칼집을 넣어 잘게 다진다.

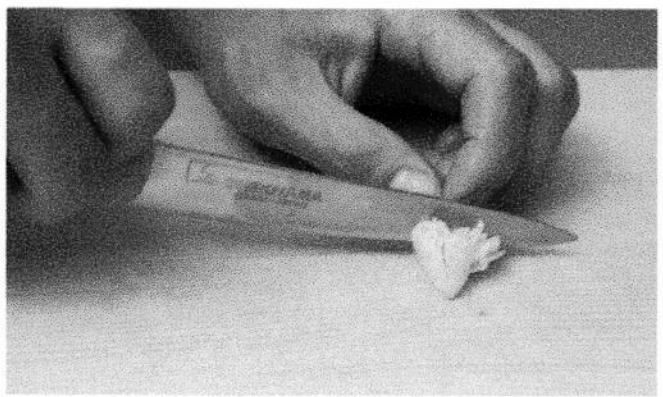

마늘을 칼등으로 으깨어 곱게 다진다.

2) 대파

파를 돌려가며 깊은 칼집을 넣는다.

채 썬다.

세로로 채 썰어 고명으로 사용한다.

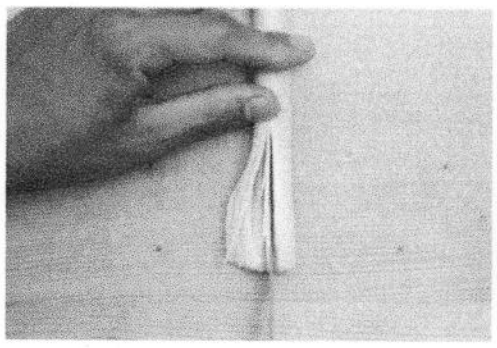
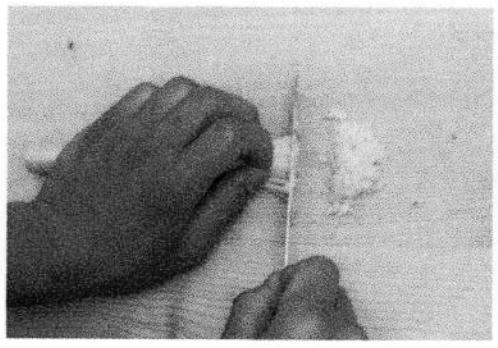

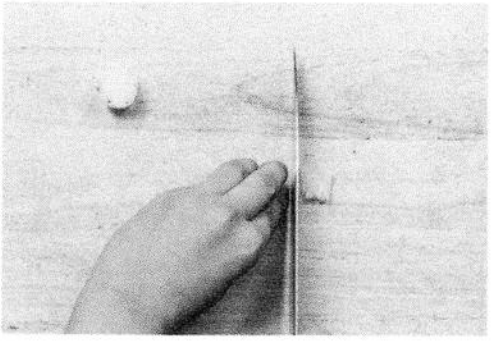

3) 생강

깨끗하게 씻고 칼로 껍질을 벗긴다.
편으로 썰거나 채 썰어 고명으로 사용한다.
채 썬 후 다지거나 칼등으로 으깨어 곱게 다진다.

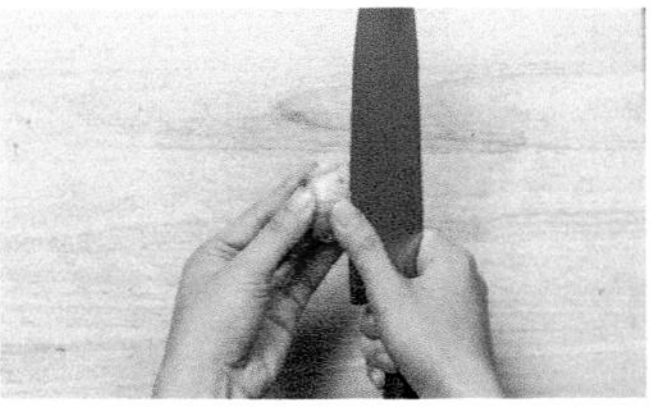

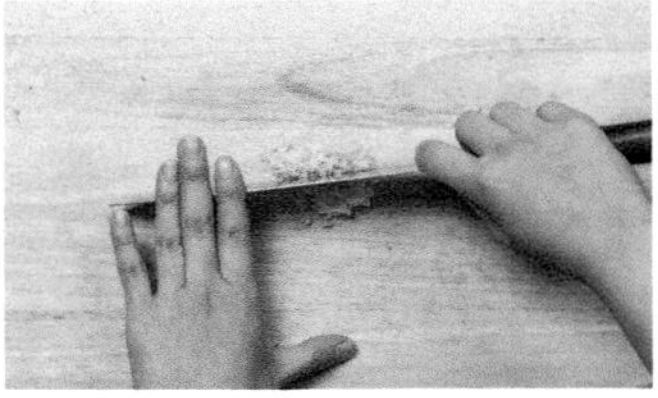

2. 육수 만들기

1) 멸치

멸치의 내장을 제거한다.
찬물에 멸치를 넣어 끓이다가 파, 마늘 등을 넣어 냄새를 제거한다.
거품을 제거하고 체에 거른 후 간장과 소금으로 간을 한다.

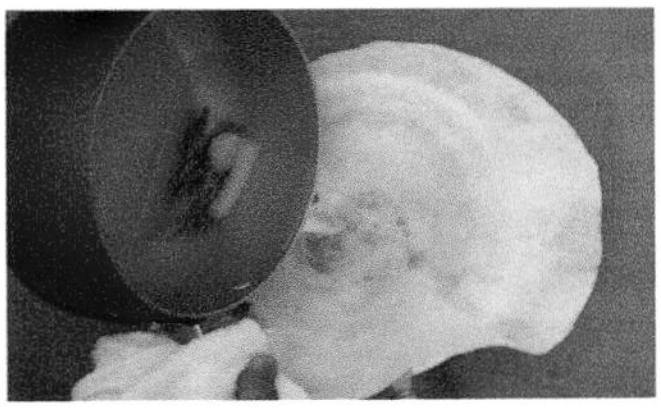

2) 소고기

찬물에 소고기를 넣어 끓이다가 파, 마늘 등을 넣어 냄새를 제거한다.
거품을 제거하고 체에 거른 후 간장과 소금으로 간을 한다.

3. 밀가루 반죽하기

1) 된반죽

물에 소금을 넣어 녹인 다음 밀가루와 섞는다.
손으로 반죽하여 끈기가 생기도록 한다.
젖은 행주나 비닐에 싸서 숙성시킨다.

2) 진반죽

밀가루에 물과 소금을 넣어 멍울이 생기지 않도록 풀어준다.
체에 한 번 거른다.

4. 재료 전처리

1) 국수

끓는 물에 국수를 펼쳐 넣는다.
물이 끓어오르면 찬물을 넣고 다시 끓인다.(2~3회 반복)
국수를 찬물에서 비비듯이 살살 문질러 씻는다.
국수를 헹구어 사리를 짓는다.

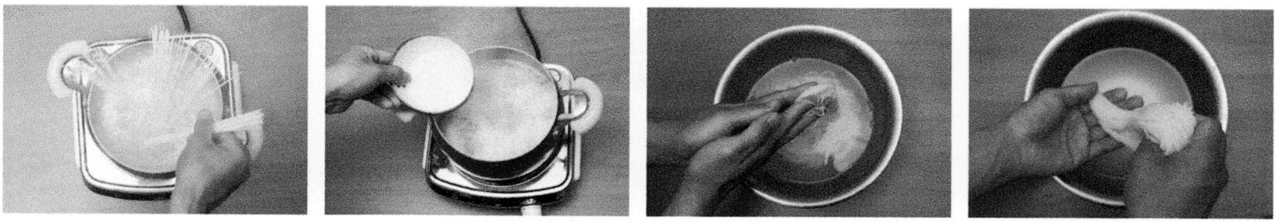

2) 두부

두부를 소창에 넣어 눌러 짜서 물기를 제거한다.
물기를 제거한 두부를 칼등으로 눌러 으깨 준다.

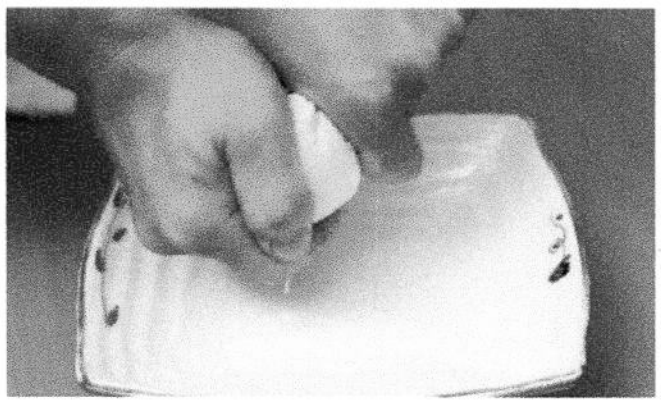

3) 고추

• 풋고추(풋고추전, 90p)

풋고추는 꼭지를 떼고 길이로 2등분한다.
씨를 털어낸다.
끓는 소금물에 데쳐 찬물에 헹구어 물기를 닦는다.

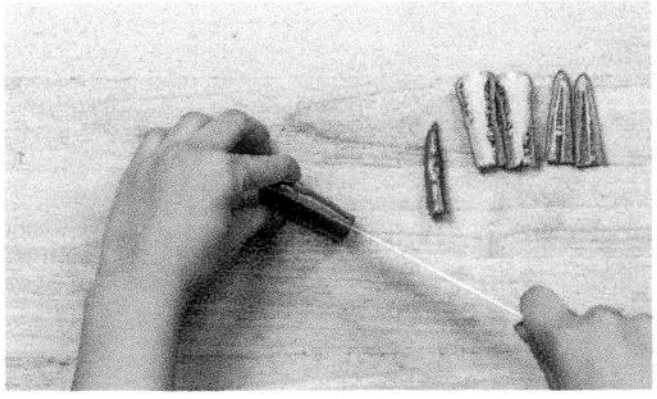
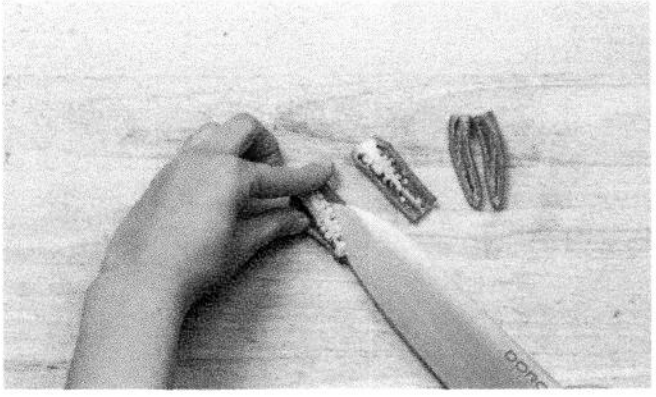

• 홍고추(두부젓국찌개, 72p)

풋고추는 꼭지를 떼고 가운데로 잘라 씨를 털어낸다.
3cm 길이로 자른다.
0.5cm 두께로 자른다.

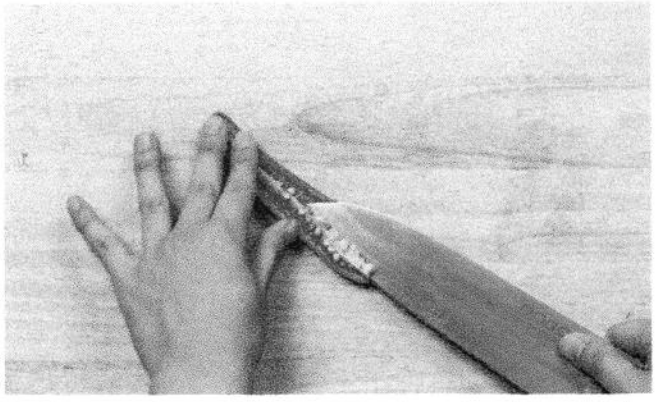
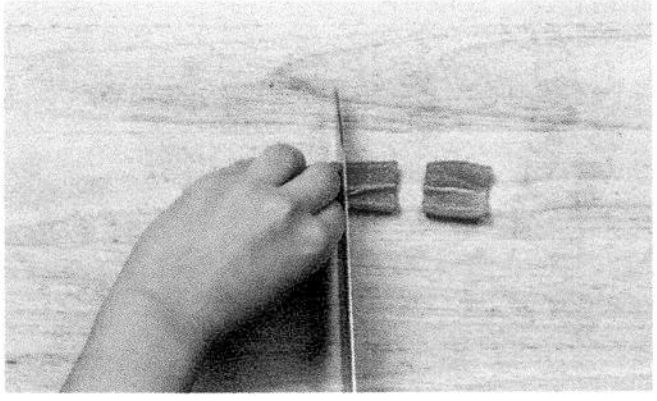

4) 감자

감자를 적당한 크기로 썬다.
모서리를 살짝 손질하듯 잘라낸다.
찬물에 담근다.

5) 당근

당근을 적당한 크기로 썬다.
모서리를 살짝 손질하듯 잘라낸다.
찬물에 담근다.

6) 더덕

더덕의 껍질은 돌돌 벗겨가며 벗긴다.
끝이 갈라지지 않게 칼집을 넣어 펼친 다음 방망이로 밀어 넓게 편다.
소금물에 담가 쓴맛을 뺀다.

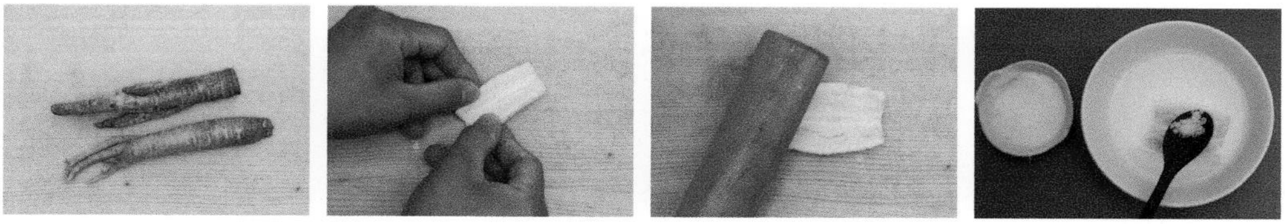

7) 도라지

도라지 껍질을 벗긴다.

껍질을 벗긴 도라지를 원하는 크기로 썬다.

껍질을 벗긴 도라지를 소금물에 담그거나 소금에 주물러 쓴맛을 뺀다.

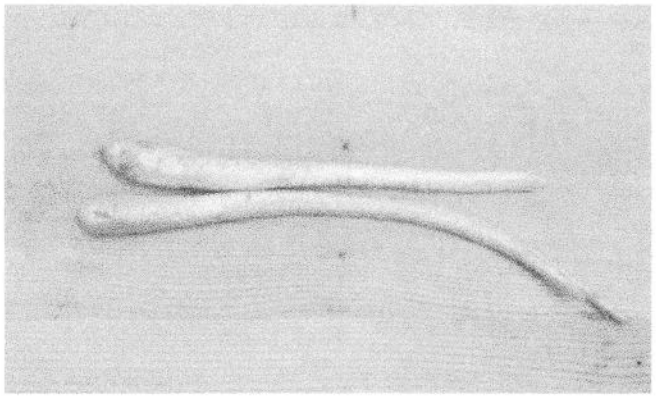
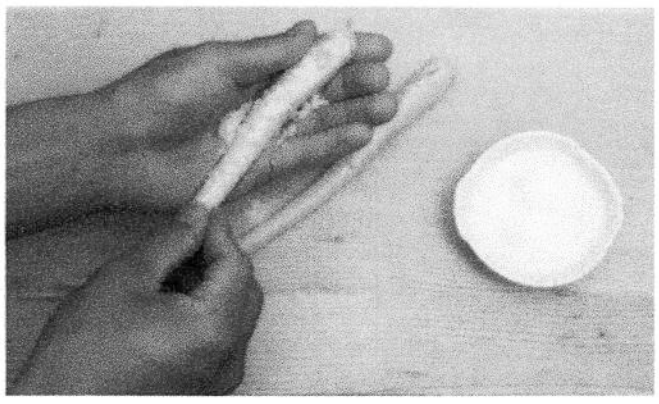

8) 버섯

• 표고버섯 – 채썰기

표고버섯을 뜨거운 설탕물에 불린다.

부드러워진 표고의 기둥을 제거한다.

얇게 저민 후 곱게 채 썬다.

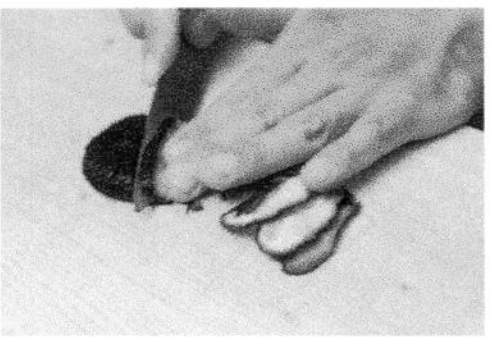
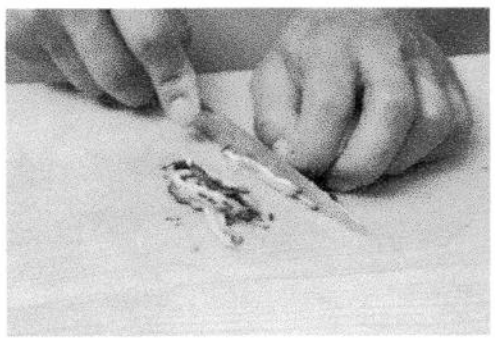

• 표고버섯 – 은행잎 썰기

기둥을 제거한 표고를 3등분 혹은 4등분한다.

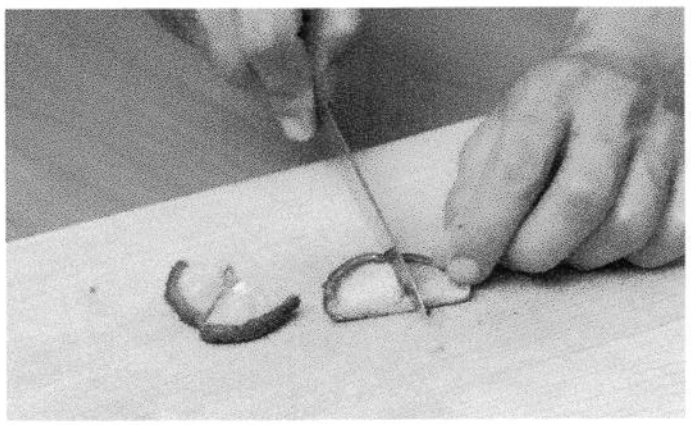

• 석이버섯 – 채 썰어 볶기

뜨거운 물에 석이를 불린다.(설탕을 넣으면 더 빨리 부드러워진다.)

석이 뒤쪽의 이끼를 소금으로 비벼 제거한다.

석이를 여러 장 겹쳐 말아서 채 썬다.

기름을 두른 팬에 볶는다.

9) 오이

오이를 소금에 비벼 씻는다.
적당한 길이로 잘라 껍질을 벗기듯이 돌려깎는다.
가지런히 놓고 채 썬다.

10) 여러 가지 썰기

- **둥근 썰기** : 채소를 알맞은 두께로 둥글게 썬다.
- **반달썰기** : 감자, 고구마, 호박 등을 썰 때 반달모양으로 썬다.
- **은행잎 썰기** : 둥근 모양을 4등분해서 썬다.
- **어슷썰기** : 오이 등을 어슷하게 둥글게 썬다.
- **나박썰기** : 무나 배추 등의 재료를 얇고 나붓하게 네모나게 썬다.
- **깍둑썰기** : 무, 당근, 감자 등을 사방 2cm 정도의 정육면체로 썬다.
- **채썰기** : 얇게 둥근 썰기를 한 후 모아서 다시 가늘게 썬다.
- **다져 썰기** : 식품을 일정 길이로 토막 내서 길이로 채 썬 뒤 다진다.
- **골패썰기** : 무, 당근 등을 일정 길이로 자른 다음, 옆으로 납작납작하게 직사각형으로 썬다.
- **마구 썰기** : 채소 등을 반대방향으로 각이 지게 칼을 돌려가며 마구 썬다.

- **마름모 썰기** : 재료를 골패모양으로 자른 뒤, 사방 2cm 크기의 마름모꼴로 썬다.
- **돌려깎기** : 보통 오이를 채 썰 때 이용하는 방법으로 5~6cm 길이로 잘라 사과껍질을 벗기듯이 오이를 돌려가며 껍질을 벗긴다.

11) 육류

• 소고기 – 채썰기

소고기의 결 방향으로 저미듯 얇게 썬다.

곱게 채 썬다.

• 소고기 – 다지기

끝이 떨어지지 않게 결 방향으로 채 썬다.

45도 방향으로 돌려 끝이 떨어지지 않게 깊이 칼집을 넣어 채 썬다.

잘게 썬다.

곱게 다진다.

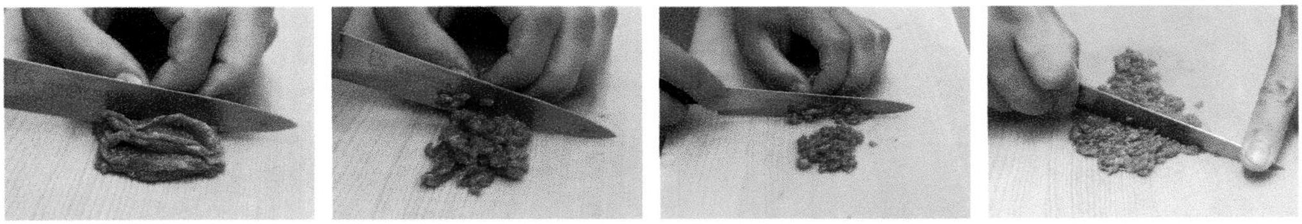

• 소고기 – 편육

끓는 물에 소고기를 넣어 충분히 익힌다.

익힌 고기를 건져 물기를 제거하고 면포에 잠깐 누른다.

결 반대방향으로 썬다.

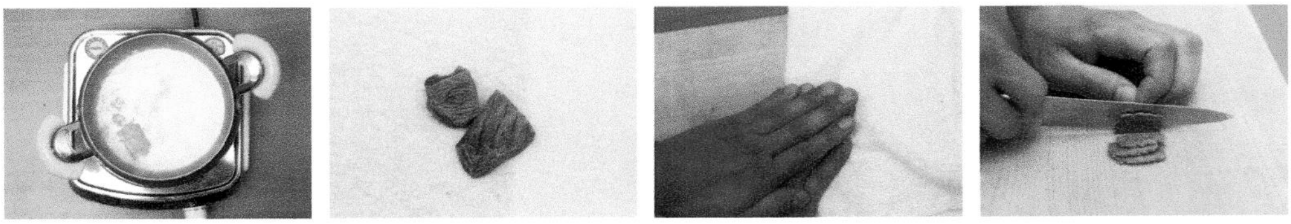

• 닭고기

닭의 가슴부분에 칼을 넣어 반으로 펼친다.

뼈마디를 따라 토막낸다.

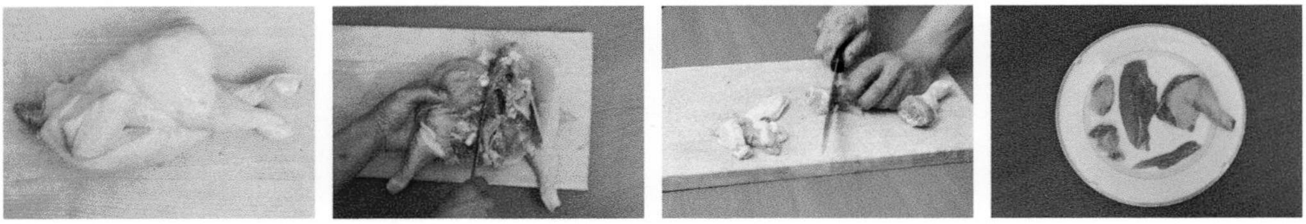

• 돼지갈비

돼지갈비를 먹기 좋은 크기로 썬다.

비계와 힘줄 등을 제거한다.

바둑칼집을 넣는다.

끓는 물에 데친다.

12) 생선

• 동태(생선전, 94p)

꼬리 쪽에서 머리 쪽으로 칼을 당겨 비늘 등을 제거한다.

지느러미를 손질한다.

동태의 등쪽에 칼을 넣어 펼쳐 세 장 뜨기를 한다.

껍질을 제거한다.

어슷 썰어 포 뜨기를 한다.

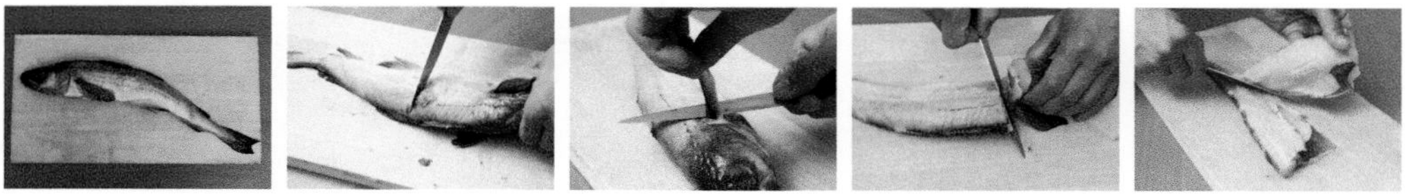

• 민어

꼬리 쪽에서 머리 쪽으로 칼을 당겨 비늘 등을 제거한다.

지느러미를 손질한다.

민어의 등 쪽에 칼을 넣어 펼쳐 3장 뜨기를 한다.

껍질을 제거한 후 어슷 썰어 포 뜨기를 한다.

• 북어(북어구이, 82p)

안쪽에 남아 있는 뼈를 제거하고 지느러미를 다듬는다.

물에 적셔 불린다.

머리부분을 잘라내고 3등분한다.

껍질쪽에 칼을 비스듬히 하여 칼집을 넣는다.

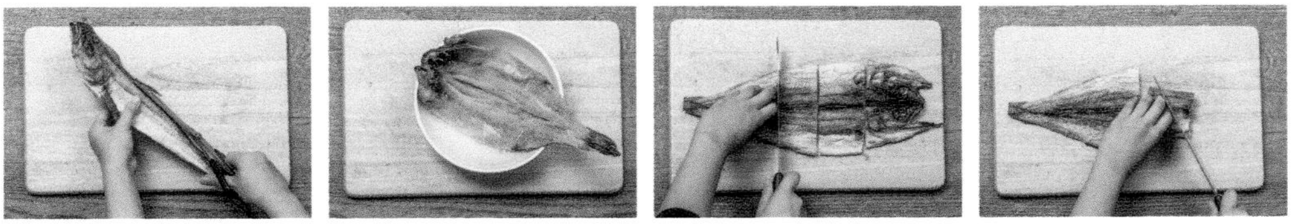

• 오징어(오징어볶음, 120p)

오징어를 반으로 갈라 내장을 제거한다.

손에 소금을 바르거나 행주를 이용하여 오징어 껍질을 아래에서 위쪽으로 당기듯 벗긴다.

내장이 있던 쪽에 칼집을 넣는다.

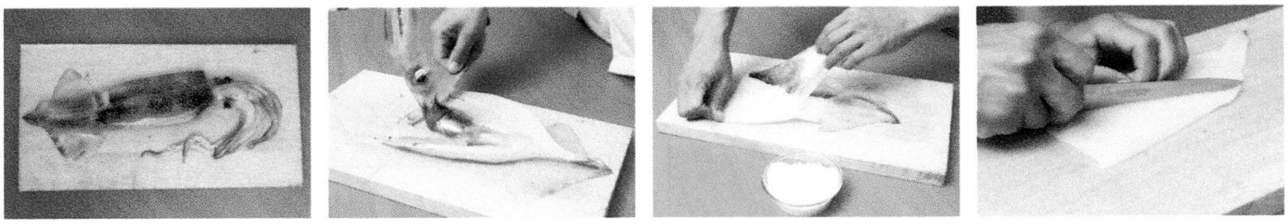

• 조기(생선양념구이, 80p)

꼬리 쪽에서 머리 쪽으로 칼을 당겨 비늘을 제거한다.
조기의 지느러미를 손질한다.
젓가락을 아가미에 넣어 내장을 제거한다.
칼을 비스듬히 하여 칼집을 넣는다.

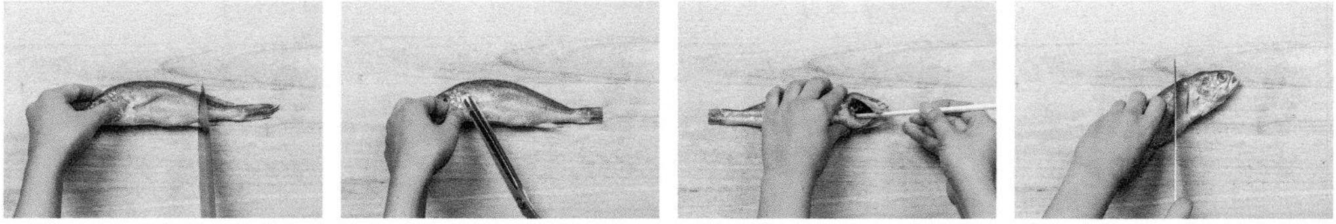

5. 고명 만들기

1) 달걀지단

달걀을 황 · 백으로 구분한다.
흰자의 알끈을 제거한 후 체에 내린다.
팬을 뜨겁게 달군 후 기름을 두르고 여분의 기름을 닦아낸다.
불을 약하게 하고 팬에 노른자(노른자 + 물 1/2작은술)를 부어 평평하게 한 후 한쪽 면을 익히고 뒤집어 양면을 익힌다.
노른자를 꺼낸 팬에 흰자를 넣어 같은 방법으로 익힌다.
충분히 식힌 황 · 백지단을 채 썰거나 마름모로 썬다.

2) 미나리초대

깨끗이 손질한 미나리를 꼬치에 가지런히 꽂는다.
밀가루와 달걀물을 입혀 기름을 두른 팬에 지져낸다.

3) 잣

잣의 고깔을 제거한다.
비늘잣 – 잣을 세로 방향으로 반으로 자른다.
잣가루 – 잣을 종이 사이에 놓고 칼등으로 누른 다음 다진다.(너비아니구이 등)

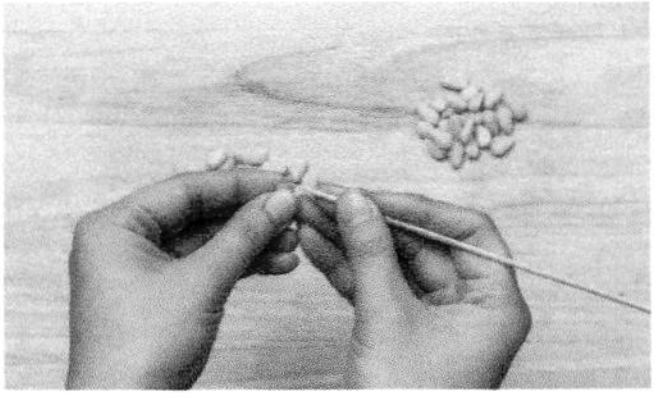

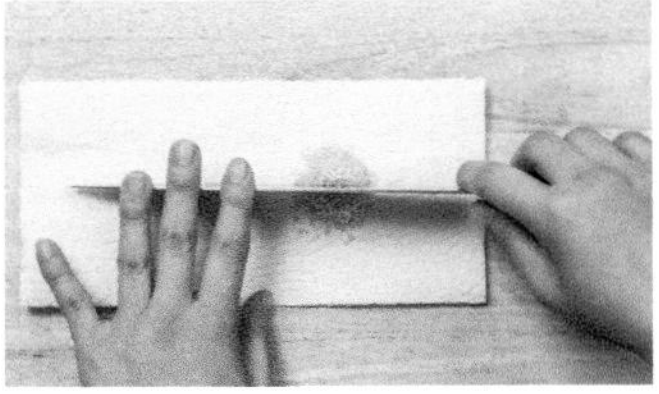

6. 곁들임장 만들기

1) 겨자장

겨잣가루를 찬물에 되직하게 갠다.
물이 끓는 냄비에 올려 발효시킨다.
발효시킨 겨자에 설탕, 소금을 넣어 잘 젓는다.
식초를 넣어 잘 풀어준다.

2) 초간장

식초에 설탕을 넣고 녹인다.
간장을 넣고 섞는다.
(튀김은 초간장에 잣가루를 넣어 곁들인다.)

3) 고추장

식초에 설탕을 넣고 섞는다.
고추장을 넣고 멍울이 생기지 않도록 잘 풀어준다.

PART 2

2. 한식조리기능사 실기 공개문제

Korean-style food

비빔밥

시험시간 50분

요구사항	실기시험 유의사항

요구사항

주어진 재료를 사용하여 다음과 같이 〔비빔밥〕을 만드시오.

1. 채소, 소고기, 황 · 백지단의 크기는 0.3cm×0.3cm×5cm로 써시오.
2. 호박은 돌려깎기 하여 0.3cm×0.3cm×5cm로 써시오.
3. 청포묵의 크기는 0.5cm×0.5cm×5cm로 써시오.
4. 소고기는 고추장 볶음과 고명에 사용하시오.
5. 담은 밥 위에 준비된 재료들을 색 맞추어 돌려 담으시오.
6. 볶은 고추장은 완성된 밥 위에 얹어 내시오.

실기시험 유의사항

- 밥은 질지 않게 짓는다.
- 지급된 소고기는 고추장 볶음과 고명으로 나누어 사용한다.

1. 조리작품 만드는 순서는 틀리지 않게 하여야 한다.
2. 숙련된 기능으로 맛을 내야 하므로 조리 작업 시 음식의 맛을 보지 않는다.
3. 채점대상에서 제외되는 경우
   - 본인이 시험 도중 포기하는 경우
   - 위생복, 위생모, 앞치마, 마스크를 착용하지 않은 경우
   - 시험시간 내에 과제 두 가지를 제출하지 못한 경우
   - 문제의 요구사항대로 과제의 수량이 만들어지지 않은 경우
   - 구이를 조림 등으로 조리하여 완성품을 요구사항과 다르게 만든 경우
   - 불을 사용하여 만든 조리작품이 작품특성에 벗어나는 정도로 타거나 익지 않은 경우
   - 지급재료 이외 재료를 사용하거나 석쇠 등 요구사항의 조리기구를 사용하지 않은 경우
   - 지정된 수험자 지참준비물 이외의 조리기구를 조리에 사용한 경우
   - 화구를 2개 이상(2개 포함) 사용한 경우
   - 시험 중 시설 · 장비(칼, 가스레인지 등) 사용 시 시험위원 및 타 수험자의 시험 진행에 위해를 일으킬 것으로 시험위원 전원이 합의하여 판단한 경우
   - 요구사항에 표시된 실격 및 부정행위에 해당하는 경우

| 재료 및 분량 불린 쌀 150g, 애호박 60g, 도라지 20g, 고사리 30g, 청포묵 40g, 소고기 30g, 달걀 1개, 다시마 5×5cm 1장, 대파 흰 부분 1토막, 마늘 2쪽
고추장 40g, 진간장 15mL, 흰설탕 15g, 깨소금 5g, 검은후춧가루 1g, 참기름 5mL, 소금 10g, 식용유 30mL

–

소고기 양념 : 진간장 1작은술, 흰설탕 1/2작은술, 대파, 마늘, 참기름, 깨소금, 검은후춧가루

약고추장 볶음 : 소고기 10g, 고추장 1큰술, 물 1큰술, 흰설탕 1/2큰술, 참기름 1작은술

| 만드는 법

1 밥은 고슬고슬하게 짓는다.

2 애호박은 0.3cm×0.3cm×5cm 크기로 돌려 깎은 후 채 썰어 소금에 절여 물기를 짠다.

3 도라지는 0.3cm×0.3cm×5cm 크기로 채 썰어 소금으로 주물러 씻어 쓴맛을 뺀다. 고사리는 억센 줄기는 다듬고 5cm 길이로 잘라 진간장, 파, 마늘, 참기름으로 무친다.

4 청포묵은 0.5cm×0.5cm×5cm 크기로 채 썰어 끓는 물에 데쳐서 소금, 참기름으로 무친다.

5 소고기는 25g은 채 썰고, 5g은 곱게 다져서 소고기 양념으로 무친다.

6 달걀은 황 · 백지단을 부쳐 0.3cm×0.3cm×5cm 크기로 채 썬다.

7 팬에 기름을 두르고 애호박, 도라지, 소고기, 고사리 순으로 볶는다.

8 다시마는 기름에 튀겨서 잘게 부순다.

9 다진 고기를 볶다가 고추장, 흰설탕, 물, 참기름을 넣고 볶아서 약고추장을 만든다.

10 밥 위에 준비한 재료를 돌려 담고, 다시마튀각, 약고추장을 얹어 낸다.

1

2

3

4

5

조리작업 순서

밥 짓기 ➡ 채소 채 썰기 ➡ 청포묵 채 썰어 데치기 ➡ 소고기 채 썰기 및 다지기 ➡ 황 · 백지단 ➡ 채소 및 고기 볶기 ➡ 다시마 튀기기 ➡ 약고추장 만들기 ➡ 색스럽게 담기

TIP

◈ 비빔밥용 밥을 지을 때 불린 쌀과 물의 비율은 1 : 1.2가 적당하다.

◈ 냄비에 밥 하기 – 센 불에서 끓어오르면 휘저어 3~4분 – 약불에서 5~8분 – 불 끄고 5분 뜸들이기

◈ 약고추장 볶을 때 – 고추장 : 설탕 : 물의 비율은 1 : 0.5 : 1

콩나물밥

시험시간 30분

요구사항	실기시험 유의사항

요구사항

주어진 재료를 사용하여 다음과 같이 〔콩나물밥〕을 만드시오.

1. 콩나물은 꼬리를 다듬고 소고기는 채 썰어 간장양념을 하시오.
2. 밥을 지어 전량 제출하시오.

실기시험 유의사항

- 콩나물 손질 시 폐기량이 많지 않도록 한다.
- 소고기는 굵기와 크기에 유의한다.
- 밥물 및 불조절과 완성된 밥의 상태에 유의한다.

1. 조리작품 만드는 순서는 틀리지 않게 하여야 한다.
2. 숙련된 기능으로 맛을 내야 하므로 조리 작업 시 음식의 맛을 보지 않는다.
3. 채점대상에서 제외되는 경우
   - 본인이 시험 도중 포기하는 경우
   - 위생복, 위생모, 앞치마, 마스크를 착용하지 않은 경우
   - 시험시간 내에 과제 두 가지를 제출하지 못한 경우
   - 문제의 요구사항대로 과제의 수량이 만들어지지 않은 경우
   - 구이를 조림 등으로 조리하여 완성품을 요구사항과 다르게 만든 경우
   - 불을 사용하여 만든 조리작품이 작품특성에 벗어나는 정도로 타거나 익지 않은 경우
   - 지급재료 이외 재료를 사용하거나 석쇠 등 요구사항의 조리기구를 사용하지 않은 경우
   - 지정된 수험자 지참준비물 이외의 조리기구를 조리에 사용한 경우
   - 화구를 2개 이상(2개 포함) 사용한 경우
   - 시험 중 시설 · 장비(칼, 가스레인지 등) 사용 시 시험위원 및 타 수험자의 시험 진행에 위해를 일으킬 것으로 시험위원 전원이 합의하여 판단한 경우
   - 요구사항에 표시된 실격 및 부정행위에 해당하는 경우

| 재료 및 분량 불린 쌀 150g, 소고기 30g, 콩나물 60g, 대파 흰 부분 1/2토막, 마늘 1쪽
진간장 5mL, 참기름 5mL

밥 짓기 : 불린 쌀 1컵, 물 1.1컵
소고기 양념 : 진간장 1/2작은술, 참기름 1/4작은술, 대파, 마늘
양념간장 : 진간장 1/2큰술, 다진 대파 1작은술, 다진 마늘 1/4작은술, 참기름 1작은술

1

2

3

4

5

| 만드는 법

1 콩나물은 껍질과 꼬리를 다듬어 깨끗이 씻어 놓는다.
2 소고기는 결대로 곱게 채 썰어 양념한다.
3 냄비에 불린 쌀을 담고, 소고기, 콩나물을 올린 후 물을 붓고 밥을 짓는다.
4 양념간장을 만든다.
5 밥이 다 되면 위, 아래를 가볍게 섞어서 밥을 담고 양념장을 곁들인다.

조리작업 순서

콩나물 손질 ➡ 소고기 채 썰기 ➡ 밥 짓기 ➡ 양념간장 만들기 ➡ 담기

TIP

◈ 콩나물밥 지을 때 불린 쌀과 물의 비율은 1 : 1.1이 적당하다.
◈ 콩나물밥에 들어가는 소고기를 양념할 때는 설탕을 넣지 않는다.

장국죽

시험시간 30분

요구사항	실기시험 유의사항

요구사항

주어진 재료를 사용하여 다음과 같이 〔장국죽〕을 만드시오.

1. 불린 쌀을 반 정도로 싸라기를 만들어 죽을 쑤시오.
2. 소고기는 다지고 불린 표고버섯은 3cm의 길이로 채 써시오.

실기시험 유의사항

- 쌀과 국물이 잘 어우러지도록 쑨다.
- 간을 맞추는 시기에 유의한다.

1. 조리작품 만드는 순서는 틀리지 않게 하여야 한다.
2. 숙련된 기능으로 맛을 내야 하므로 조리 작업 시 음식의 맛을 보지 않는다.
3. 채점대상에서 제외되는 경우
   - 본인이 시험 도중 포기하는 경우
   - 위생복, 위생모, 앞치마, 마스크를 착용하지 않은 경우
   - 시험시간 내에 과제 두 가지를 제출하지 못한 경우
   - 문제의 요구사항대로 과제의 수량이 만들어지지 않은 경우
   - 구이를 조림 등으로 조리하여 완성품을 요구사항과 다르게 만든 경우
   - 불을 사용하여 만든 조리작품이 작품특성에 벗어나는 정도로 타거나 익지 않은 경우
   - 지급재료 이외 재료를 사용하거나 석쇠 등 요구사항의 조리기구를 사용하지 않은 경우
   - 지정된 수험자 지참준비물 이외의 조리기구를 조리에 사용한 경우
   - 화구를 2개 이상(2개 포함) 사용한 경우
   - 시험 중 시설 · 장비(칼, 가스레인지 등) 사용 시 시험위원 및 타 수험자의 시험 진행에 위해를 일으킬 것으로 시험위원 전원이 합의하여 판단한 경우
   - 요구사항에 표시된 실격 및 부정행위에 해당하는 경우

| 재료 및 분량 불린 쌀 100g, 소고기 20g, 건표고버섯 1개, 대파 흰 부분 1토막, 마늘 1쪽
진간장 10mL, 국간장 10mL, 깨소금 5g, 검은후춧가루 1g, 참기름 10mL

소고기, 건표고버섯 양념 : 진간장 1작은술, 대파, 마늘, 깨소금, 참기름, 검은후춧가루

1

2

3

4

5

| 만드는 법

1 불린 쌀은 방망이로 싸라기 정도로 부순다.
2 표고버섯은 불려서 3cm 길이로 채 썰어 양념한다.
3 소고기는 곱게 다져서 양념한다.
4 냄비에 참기름을 두르고 고기와 버섯을 볶다가 으깬 쌀을 넣어 충분히 볶는다.
5 쌀 부피의 6배 물을 부어 센 불에서 끓인다.
6 쌀이 퍼지기 시작하면 눌어붙지 않도록 저어주면서 중불에서 끓인다.
7 국간장으로 간하여 담는다.

조리작업 순서

불린 쌀 으깨기 ➡ 표고버섯 불리기 ➡ 소고기 다지기 ➡ 표고버섯 채 썰기 ➡ 소고기, 표고버섯 양념하기 ➡ 참기름에 볶기(소고기, 표고버섯 – 쌀) ➡ 물 붓고 끓이기 ➡ 간하기 ➡ 담기

TIP

◈ 죽을 끓일 때 불린 쌀과 물의 비율은 1 : 6이 적당하다.
◈ 표고버섯을 불릴 때 설탕을 넣으면 빨리 불릴 수 있다. (설탕 1작은술/따뜻한 물 1컵)

완자탕

시험시간 30분

요구사항	실기시험 유의사항

주어진 재료를 사용하여 다음과 같이 〔완자탕〕을 만드시오.

1. 완자는 지름 3cm로 6개를 만들고, 국 국물의 양은 200mL 이상 제출하시오.
2. 달걀은 지단과 완자용으로 사용하시오.
3. 고명으로 황 · 백지단(마름모꼴)을 각 2개씩 띄우시오.

- 고기 부위의 사용 용도에 유의하고, 육수 국물을 맑게 처리하여 양에 유의한다.

1. 조리작품 만드는 순서는 틀리지 않게 하여야 한다.
2. 숙련된 기능으로 맛을 내야 하므로 조리 작업 시 음식의 맛을 보지 않는다.
3. 채점대상에서 제외되는 경우
   - 본인이 시험 도중 포기하는 경우
   - 위생복, 위생모, 앞치마, 마스크를 착용하지 않은 경우
   - 시험시간 내에 과제 두 가지를 제출하지 못한 경우
   - 문제의 요구사항대로 과제의 수량이 만들어지지 않은 경우
   - 구이를 조림 등으로 조리하여 완성품을 요구사항과 다르게 만든 경우
   - 불을 사용하여 만든 조리작품이 작품특성에 벗어나는 정도로 타거나 익지 않은 경우
   - 지급재료 이외 재료를 사용하거나 석쇠 등 요구사항의 조리기구를 사용하지 않은 경우
   - 지정된 수험자 지참준비물 이외의 조리기구를 조리에 사용한 경우
   - 화구를 2개 이상(2개 포함) 사용한 경우
   - 시험 중 시설 · 장비(칼, 가스레인지 등) 사용 시 시험위원 및 타 수험자의 시험 진행에 위해를 일으킬 것으로 시험위원 전원이 합의하여 판단한 경우
   - 요구사항에 표시된 실격 및 부정행위에 해당하는 경우

| 재료 및 분량 소고기 살코기 50g, 소고기 사태부위 20g, 두부 15g, 달걀 1개, 밀가루 10g, 대파 흰 부분 1/2토막, 마늘 2쪽
국간장 5mL, 소금 10g, 검은후춧가루 2g, 참기름 5mL, 깨소금 5g, 흰설탕 5g, 식용유 20mL
키친타월(종이) 1장

–

육수 끓이기 : 소고기 30g, 물 3컵 (대파, 마늘)
육수 간하기 : 육수 1½컵, 국간장 1/3작은술, 소금 1/2작은술
완자 양념 : 소금 1/2작은술, 대파, 마늘, 참기름, 깨소금, 검은후춧가루
고명 : 황 · 백지단

1

2

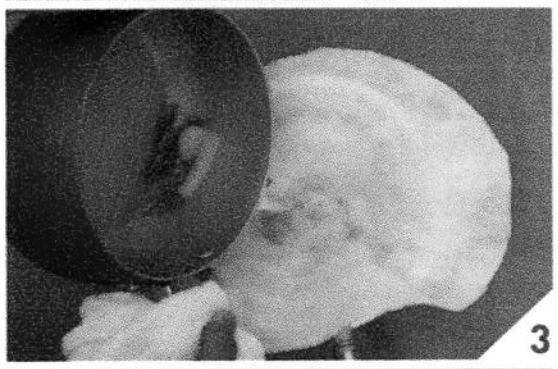

3

4

5

| 만드는 법

1 소고기 중 사태부위는 대파와 마늘을 넣고 육수를 끓이고, 살코기는 곱게 다진다.

2 두부는 물기를 짜고 곱게 으깬 후, 다진 소고기와 함께 양념하여 치댄다.

3 달걀을 황 · 백으로 나누어 각각 1/2분량만 지단을 부쳐 2cm×2cm 마름모꼴로 썬다.

4 지름 2.5cm의 완자를 빚어 밀가루, 달걀물을 씌워 팬에 굴려가며 지진다.

5 육수가 끓으면 국간장과 소금으로 간하고, 완자를 넣어 끓인다.

6 그릇에 담고 황 · 백지단을 띄운다.

조리작업 순서

육수 끓이기 ➡ 소고기 다지기 ➡ 두부 으깨기 ➡ 황 · 백지단 부치기 ➡ 완자 빚기 ➡ 완자 익히기 ➡ 완자탕 끓이기 ➡ 담기 ➡ 황 · 백지단 얹기

TIP

- 완자를 지질 때 기름이 많으면 완자의 달걀옷이 벗겨질 수 있다.
- 팬이 달구어진 상태에서 기름을 두르고 완자를 굴려야 동그란 모양이 잘 나온다.
- 익혀낸 완자는 키친타월(종이) 위에 올려놓아 기름기를 제거한다.

생선찌개

시험시간 30분

요구사항	실기시험 유의사항

주어진 재료를 사용하여 다음과 같이 〔생선찌개〕를 만드시오.

1. 생선은 4~5cm의 토막으로 자르시오.
2. 무, 두부는 2.5cm×3.5cm×0.8cm로 써시오.
3. 호박은 0.5cm 반달형, 고추는 통 어슷썰기, 쑥갓과 파는 4cm로 써시오.
4. 고추장, 고춧가루를 사용하여 만드시오.
5. 각 재료는 익는 순서에 따라 조리하고, 생선살이 부서지지 않도록 하시오.
6. 생선머리를 포함하여 전량 제출하시오.

- 생선살이 부서지지 않도록 유의한다.
- 각 재료의 익히는 순서를 고려하여 끓인다.

1. 조리작품 만드는 순서는 틀리지 않게 하여야 한다.
2. 숙련된 기능으로 맛을 내야 하므로 조리 작업 시 음식의 맛을 보지 않는다.
3. 채점대상에서 제외되는 경우
   - 본인이 시험 도중 포기하는 경우
   - 위생복, 위생모, 앞치마, 마스크를 착용하지 않은 경우
   - 시험시간 내에 과제 두 가지를 제출하지 못한 경우
   - 문제의 요구사항대로 과제의 수량이 만들어지지 않은 경우
   - 구이를 조림 등으로 조리하여 완성품을 요구사항과 다르게 만든 경우
   - 불을 사용하여 만든 조리작품이 작품특성에 벗어나는 정도로 타거나 익지 않은 경우
   - 지급재료 이외 재료를 사용하거나 석쇠 등 요구사항의 조리기구를 사용하지 않은 경우
   - 지정된 수험자 지참준비물 이외의 조리기구를 조리에 사용한 경우
   - 화구를 2개 이상(2개 포함) 사용한 경우
   - 시험 중 시설 · 장비(칼, 가스레인지 등) 사용 시 시험위원 및 타 수험자의 시험 진행에 위해를 일으킬 것으로 시험위원 전원이 합의하여 판단한 경우
   - 요구사항에 표시된 실격 및 부정행위에 해당하는 경우

| 재료 및 분량 동태(300g) 1마리, 무 60g, 애호박 30g, 두부 60g, 풋고추 1개, 홍고추 1개, 실파 2뿌리, 쑥갓 10g, 생강 10g, 마늘 2쪽
고추장 30g, 소금 10g, 고춧가루 10g

–

찌개 국물 : 물 3컵, 고추장 1/2큰술, 고춧가루 1큰술, 소금 2작은술, 마늘, 생강

1

2

3

4

5

| 만드는 법

1 생선은 비늘과 지느러미를 제거한 후 잘 씻어서 5cm 길이로 토막을 낸다. 내장(알, 고니)도 먹는 부분은 골라둔다.

2 마늘, 생강을 다진다.

3 무, 두부는 2.5cm×3.5cm×0.8cm 크기로 썰고, 호박은 0.5cm 두께의 반달모양으로 썬다.

4 풋고추, 홍고추는 0.8cm 두께로 어슷 썰어 씨를 털어낸다.

5 실파는 4cm 길이로 썰고, 쑥갓은 손질하여 4cm로 끊어둔다.

6 냄비에 물을 넣고 고추장을 풀고 무를 넣어 끓인다.

7 무가 익으면 생선을 넣고, 호박과 고춧가루를 넣어 다시 끓인다. 이어서 두부, 마늘, 생강을 넣고 소금으로 간을 맞추고, 거품을 걷어 내면서 끓인다.

8 홍고추, 풋고추를 넣고 한소끔 더 끓인 다음 실파와 쑥갓을 넣는다.

조리작업 순서

생선 손질 ➡ 채소 및 두부 썰기 ➡ 물 끓이기(고추장 + 무) ➡ 재료 넣기(생선 → 호박 → 고춧가루 → 두부 → 마늘, 생강 → 홍고추, 풋고추) ➡ 실파, 쑥갓 ➡ 담기

TIP

◈ 고추장이 많으면 국물이 텁텁해진다.

◈ 국물이 끓을 때 생선을 넣어야 생선살이 부서지지 않는다.

◈ 생강은 생선이 익은 후 넣어야 비린내 제거 효과가 크다.

두부젓국찌개

시험시간 20분

요구사항	실기시험 유의사항

요구사항

주어진 재료를 사용하여 다음과 같이 〔두부젓국찌개〕를 만드시오.

1. 두부는 2cm×3cm×1cm로 써시오.
2. 홍고추는 0.5cm×3cm, 실파는 3cm 길이로 써시오.
3. 간은 소금과 새우젓으로 하고, 국물을 맑게 만드시오.
4. 찌개의 국물은 200mL이상 제출하시오.

실기시험 유의사항

- 두부와 굴의 익는 정도에 유의한다.

1. 조리작품 만드는 순서는 틀리지 않게 하여야 한다.
2. 숙련된 기능으로 맛을 내야 하므로 조리 작업 시 음식의 맛을 보지 않는다.
3. 채점대상에서 제외되는 경우
   - 본인이 시험 도중 포기하는 경우
   - 위생복, 위생모, 앞치마, 마스크를 착용하지 않은 경우
   - 시험시간 내에 과제 두 가지를 제출하지 못한 경우
   - 문제의 요구사항대로 과제의 수량이 만들어지지 않은 경우
   - 구이를 조림 등으로 조리하여 완성품을 요구사항과 다르게 만든 경우
   - 불을 사용하여 만든 조리작품이 작품특성에 벗어나는 정도로 타거나 익지 않은 경우
   - 지급재료 이외 재료를 사용하거나 석쇠 등 요구사항의 조리기구를 사용하지 않은 경우
   - 지정된 수험자 지참준비물 이외의 조리기구를 조리에 사용한 경우
   - 화구를 2개 이상(2개 포함) 사용한 경우
   - 시험 중 시설 · 장비(칼, 가스레인지 등) 사용 시 시험위원 및 타 수험자의 시험 진행에 위해를 일으킬 것으로 시험위원 전원이 합의하여 판단한 경우
   - 요구사항에 표시된 실격 및 부정행위에 해당하는 경우

| 재료 및 분량 두부 100g, 생굴 30g, 홍고추 1/2개, 실파 1뿌리, 새우젓 10g, 마늘 1쪽
참기름 5mL, 소금 5g

—

찌개 국물 : 물 1½컵, 소금 1/3작은술, 새우젓 국물 1작은술

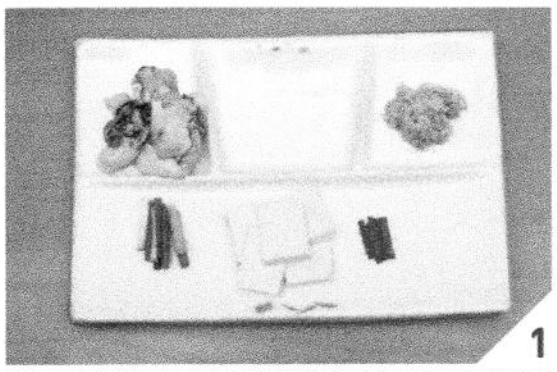

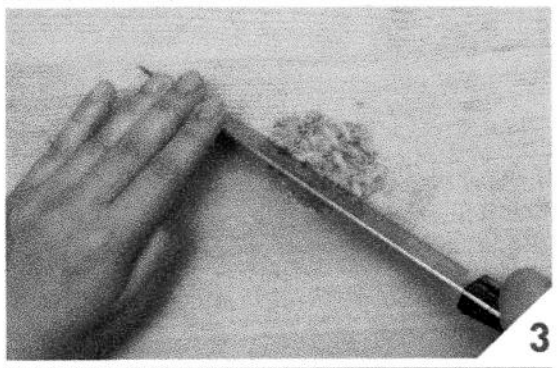

| 만드는 법

1 굴은 이물질과 껍질을 골라내고 엷은 소금물에 흔들어 씻어 물기를 뺀다.
2 두부는 2cm×3cm×1cm 크기로 썬다.
3 홍고추는 0.5cm×3cm 크기로 썰고, 실파는 3cm 길이로 썬다.
4 새우젓은 곱게 다져 국물만 준비한다.
5 냄비에 물을 붓고 새우젓 국물과 소금으로 간하여 끓으면 두부를 넣는다.
6 굴, 홍고추, 다진 마늘을 넣고 끓이면서 거품을 걷어낸다.
7 실파를 넣고 불을 끈 후 참기름을 넣는다.

조리작업 순서

굴 씻기 ➡ 재료 썰기 (두부, 홍고추, 실파) ➡ 새우젓 국물 준비 ➡ 국물 끓이기(소금과 새우젓 국물로 간하기) ➡ 건더기 넣기(두부 → 굴 → 홍고추 → 마늘) ➡ 실파 ➡ 참기름 넣기 ➡ 담기

TIP

- 새우젓은 다져서 국물만 사용한다.
- 굴을 넣어 너무 오래 끓이면 국물이 탁해진다.
- 찌개는 건더기가 국물에 잠길 정도로 자작하게 담는다.

제육구이

시험시간 30분

요구사항	실기시험 유의사항

주어진 재료를 사용하여 다음과 같이 〔제육구이〕를 만드시오.

1. 완성된 제육은 0.4cm×4cm×5cm로 하시오.
2. 고추장 양념하여 석쇠에 구우시오.
3. 제육구이는 전량 제출하시오.

- 구워진 고기의 모양과 색깔에 유의하여 굽는다.
- 구워진 표면이 마르지 않도록 한다.

1. 조리작품 만드는 순서는 틀리지 않게 하여야 한다.
2. 숙련된 기능으로 맛을 내야 하므로 조리 작업 시 음식의 맛을 보지 않는다.
3. 채점대상에서 제외되는 경우
   - 본인이 시험 도중 포기하는 경우
   - 위생복, 위생모, 앞치마, 마스크를 착용하지 않은 경우
   - 시험시간 내에 과제 두 가지를 제출하지 못한 경우
   - 문제의 요구사항대로 과제의 수량이 만들어지지 않은 경우
   - 구이를 조림 등으로 조리하여 완성품을 요구사항과 다르게 만든 경우
   - 불을 사용하여 만든 조리작품이 작품특성에 벗어나는 정도로 타거나 익지 않은 경우
   - 지급재료 이외 재료를 사용하거나 석쇠 등 요구사항의 조리기구를 사용하지 않은 경우
   - 지정된 수험자 지참준비물 이외의 조리기구를 조리에 사용한 경우
   - 화구를 2개 이상(2개 포함) 사용한 경우
   - 시험 중 시설 · 장비(칼, 가스레인지 등) 사용 시 시험위원 및 타 수험자의 시험 진행에 위해를 일으킬 것으로 시험위원 전원이 합의하여 판단한 경우
   - 요구사항에 표시된 실격 및 부정행위에 해당하는 경우

| 재료 및 분량 돼지고기 150g, 대파 흰 부분 1토막, 마늘 2쪽, 생강 10g
고추장 40g, 검은후춧가루 2g, 흰설탕 15g, 깨소금 5g, 참기름 5mL, 진간장 10mL, 식용유 10mL

–

돼지고기 양념 : 고추장 1큰술, 흰설탕 1/2큰술, 진간장 1/3작은술, 대파 1작은술, 마늘 1/2작은술, 생강 1/4작은술, 참기름 1작은술, 깨소금 1작은술, 검은후춧가루, 물 1작은술

| 만드는 법

1. 돼지고기는 손질하여 5cm×6cm×0.3cm 크기로 썬다. 앞뒤로 잔칼집을 넣는다.
2. 대파, 마늘, 생강을 다져 고추장 양념을 만든다.
3. 양념장에 고기를 버무려 재워둔다.
4. 석쇠를 달구어 기름을 바른 후 고기를 타지 않게 굽는다.

1

2

3

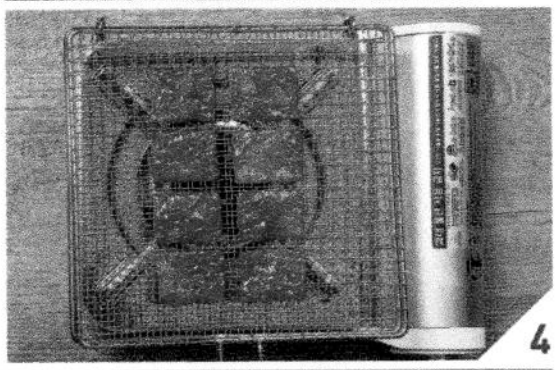
4

5

조리작업 순서

고기 썰기 ➡ 양념장 만들기 ➡ 고기 재우기 ➡ 석쇠 달구기 ➡ 고기 굽기 ➡ 담기

TIP

◈ 고추장을 이용한 구이 양념에 진간장을 약간 넣으면 더 먹음직스러운 색이 난다.

◈ 고추장 양념구이는 타기 쉬우므로 불 조절에 유의한다.

너비아니구이

시험시간 25분

요구사항	실기시험 유의사항

요구사항

주어진 재료를 사용하여 다음과 같이 〔너비아니구이〕를 만드시오.

1. 완성된 너비아니는 0.5cm×4cm×5cm로 하시오.
2. 석쇠를 사용하여 굽고, 6쪽 제출하시오.
3. 잣가루를 고명으로 얹으시오.

실기시험 유의사항

- 고기가 연하도록 손질한다.
- 구워진 정도와 모양과 색깔에 유의하여 굽는다.

1. 조리작품 만드는 순서는 틀리지 않게 하여야 한다.
2. 숙련된 기능으로 맛을 내야 하므로 조리 작업 시 음식의 맛을 보지 않는다.
3. 채점대상에서 제외되는 경우
   - 본인이 시험 도중 포기하는 경우
   - 위생복, 위생모, 앞치마, 마스크를 착용하지 않은 경우
   - 시험시간 내에 과제 두 가지를 제출하지 못한 경우
   - 문제의 요구사항대로 과제의 수량이 만들어지지 않은 경우
   - 구이를 조림 등으로 조리하여 완성품을 요구사항과 다르게 만든 경우
   - 불을 사용하여 만든 조리작품이 작품특성에 벗어나는 정도로 타거나 익지 않은 경우
   - 지급재료 이외 재료를 사용하거나 석쇠 등 요구사항의 조리기구를 사용하지 않은 경우
   - 지정된 수험자 지참준비물 이외의 조리기구를 조리에 사용한 경우
   - 화구를 2개 이상(2개 포함) 사용한 경우
   - 시험 중 시설 · 장비(칼, 가스레인지 등) 사용 시 시험위원 및 타 수험자의 시험 진행에 위해를 일으킬 것으로 시험위원 전원이 합의하여 판단한 경우
   - 요구사항에 표시된 실격 및 부정행위에 해당하는 경우

| 재료 및 분량 소고기 100g, 배 1/8개, 대파 흰 부분 1토막, 잣 5개, 마늘 2쪽
진간장 50mL, 검은후춧가루 2g, 흰설탕 10g, 깨소금 5g, 참기름 10mL,
식용유 10mL

–

소고기 양념 : 진간장 1큰술, 흰설탕 1/2큰술, 대파 1작은술, 마늘 1/2작은술,
참기름 1/2작은술, 깨소금 1/2작은술, 검은후춧가루 약간

고명 : 잣가루

1

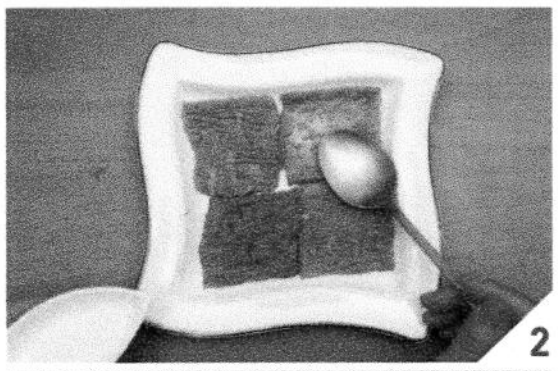
2

3

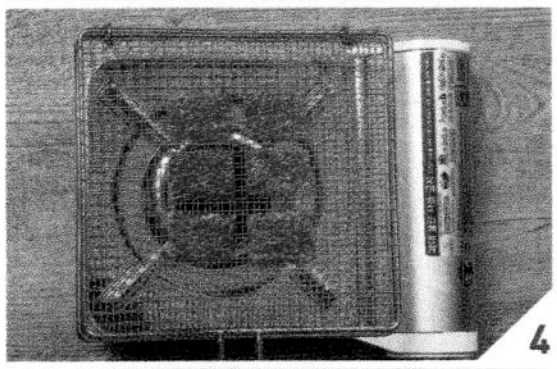
4

5

| 만드는 법

1 소고기는 핏물을 뺀 뒤, 힘줄과 기름을 제거하고 6cm×5cm×0.4cm 크기로 썰어 앞뒤로 두드린다.

2 배는 갈아 즙을 내어 소고기를 재워둔다.

3 파, 마늘을 곱게 다져 양념장을 만든다.

4 잣은 먼지를 닦고, 고깔을 뗀 후 다져 가루로 만든다.

5 양념장에 고기를 버무려 재워둔다.

6 석쇠를 달구어 기름을 바른 후 고기를 타지 않게 굽는다.

7 구운 너비아니를 접시에 담고 잣가루를 고명으로 올린다.

조리작업 순서

고기의 핏물 제거 ➡ 고기 썰기 ➡ 배즙 내어 고기 재우기 ➡ 양념장 만들기 ➡ 고기 재우기 ➡ 석쇠 달구기 ➡ 고기 굽기 ➡ 담기 ➡ 잣가루 올리기

TIP

- 고기의 핏물을 제거할 때는 고기를 물에 담그지 않고 물에 헹군 뒤 깨끗한 마른 행주 또는 키친타월에 싸서 제거한다.
- 고기 100g당 진간장은 1큰술, 설탕은 1/2큰술이 적당하다.

더덕구이

시험시간 30분

요구사항	실기시험 유의사항

요구사항

주어진 재료를 사용하여 다음과 같이 〔더덕구이〕를 만드시오.

1. 더덕은 껍질을 벗겨 사용하시오.
2. 유장으로 초벌구이하고, 고추장 양념으로 석쇠에 구우시오.
3. 완성품은 전량 제출하시오.

실기시험 유의사항

- 더덕이 부서지지 않도록 두드린다.
- 더덕이 타지 않도록 굽는데 유의한다.

1. 조리작품 만드는 순서는 틀리지 않게 하여야 한다.
2. 숙련된 기능으로 맛을 내야 하므로 조리 작업 시 음식의 맛을 보지 않는다.
3. 채점대상에서 제외되는 경우
   - 본인이 시험 도중 포기하는 경우
   - 위생복, 위생모, 앞치마, 마스크를 착용하지 않은 경우
   - 시험시간 내에 과제 두 가지를 제출하지 못한 경우
   - 문제의 요구사항대로 과제의 수량이 만들어지지 않은 경우
   - 구이를 조림 등으로 조리하여 완성품을 요구사항과 다르게 만든 경우
   - 불을 사용하여 만든 조리작품이 작품특성에 벗어나는 정도로 타거나 익지 않은 경우
   - 지급재료 이외 재료를 사용하거나 석쇠 등 요구사항의 조리기구를 사용하지 않은 경우
   - 지정된 수험자 지참준비물 이외의 조리기구를 조리에 사용한 경우
   - 화구를 2개 이상(2개 포함) 사용한 경우
   - 시험 중 시설 · 장비(칼, 가스레인지 등) 사용 시 시험위원 및 타 수험자의 시험 진행에 위해를 일으킬 것으로 시험위원 전원이 합의하여 판단한 경우
   - 요구사항에 표시된 실격 및 부정행위에 해당하는 경우

| 재료 및 분량 통더덕 3개, 대파 흰 부분 1토막, 마늘 1쪽
고추장 30g, 진간장 10mL, 흰설탕 5g, 깨소금 5g, 참기름 10mL, 소금 10g, 식용유 10mL

—

유장 : 진간장 1/3작은술, 참기름 1작은술
더덕 양념 : 고추장 1½큰술, 흰설탕 2/3큰술, 참기름 1작은술, 대파 1/2작은술, 마늘 1/4작은술, 깨소금, 물 1작은술

1

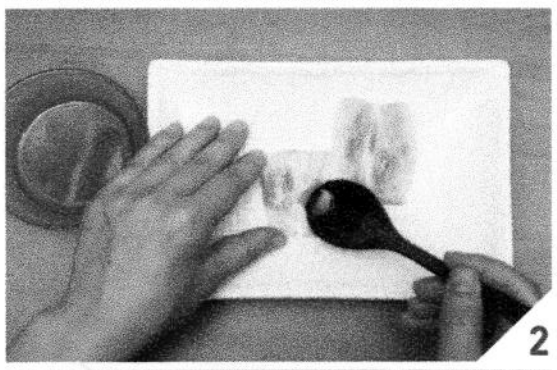
2

3

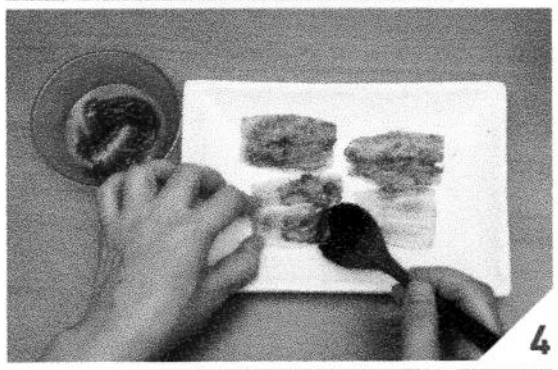
4

5

| 만드는 법

1 더덕은 흙을 제거하고 씻어 껍질을 돌려가며 벗기고, 반으로 갈라서 소금물에 담근다.

2 손질된 더덕은 물기를 닦고 방망이로 자근자근 두들겨 편다.

3 유장과 고추장 양념을 만든다.

4 더덕을 유장에 재워둔다.

5 석쇠를 달구어 초벌구이한다.

6 초벌구이한 더덕에 고추장 양념을 발라 타지 않게 굽는다.

조리작업 순서

더덕 껍질 벗기기 ➡ 반으로 갈라 소금물에 담그기 ➡ 방망이로 두들겨 펴기 ➡ 유장, 고추장 양념 만들기 ➡ 유장에 재우기 ➡ 석쇠 달구기 ➡ 초벌구이 ➡ 고추장 양념 바르기 ➡ 고추장 구이 ➡ 담기

TIP

◈ 더덕을 방망이로 두들겨 펼 때 세게 두드리면 부서지므로 주의한다.

◈ 더덕 양념은 파, 마늘 등 향신료를 적게 넣어야 더덕 향을 살릴 수 있다.

생선양념구이

시험시간 30분

요구사항

주어진 재료를 사용하여 다음과 같이 〔생선양념구이〕를 만드시오.

1. 생선은 머리와 꼬리를 포함하여 통째로 사용하고 내장은 아가미 쪽으로 제거하시오.
2. 유장으로 초벌구이하고, 고추장 양념으로 석쇠에 구우시오.
3. 생선구이는 머리 왼쪽, 배 앞쪽 방향으로 담아내시오.

실기시험 유의사항

- 석쇠를 사용하며 부서지지 않게 굽도록 유의한다.

1. 조리작품 만드는 순서는 틀리지 않게 하여야 한다.
2. 숙련된 기능으로 맛을 내야 하므로 조리 작업 시 음식의 맛을 보지 않는다.
3. 채점대상에서 제외되는 경우
   - 본인이 시험 도중 포기하는 경우
   - 위생복, 위생모, 앞치마, 마스크를 착용하지 않은 경우
   - 시험시간 내에 과제 두 가지를 제출하지 못한 경우
   - 문제의 요구사항대로 과제의 수량이 만들어지지 않은 경우
   - 구이를 조림 등으로 조리하여 완성품을 요구사항과 다르게 만든 경우
   - 불을 사용하여 만든 조리작품이 작품특성에 벗어나는 정도로 타거나 익지 않은 경우
   - 지급재료 이외 재료를 사용하거나 석쇠 등 요구사항의 조리기구를 사용하지 않은 경우
   - 지정된 수험자 지참준비물 이외의 조리기구를 조리에 사용한 경우
   - 화구를 2개 이상(2개 포함) 사용한 경우
   - 시험 중 시설 · 장비(칼, 가스레인지 등) 사용 시 시험위원 및 타 수험자의 시험 진행에 위해를 일으킬 것으로 시험위원 전원이 합의하여 판단한 경우
   - 요구사항에 표시된 실격 및 부정행위에 해당하는 경우

| 재료 및 분량 조기 1마리, 대파 흰 부분 1토막, 마늘 1쪽
고추장 40g, 진간장 20mL, 흰설탕 5g, 깨소금 5g, 참기름 5mL, 소금 20g, 검은후춧가루 2g, 식용유 10mL

유장 : 진간장 1/3작은술, 참기름 1작은술
생선 양념 : 고추장 1½큰술, 흰설탕 2/3큰술, 진간장 1/3작은술, 대파 1작은술, 마늘 1/2작은술, 참기름 1작은술, 깨소금 1작은술, 검은후춧가루, 물 1작은술

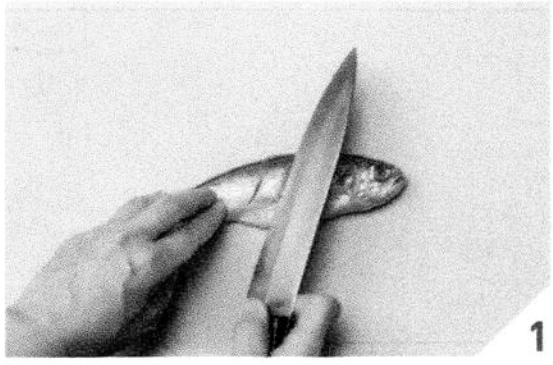
1

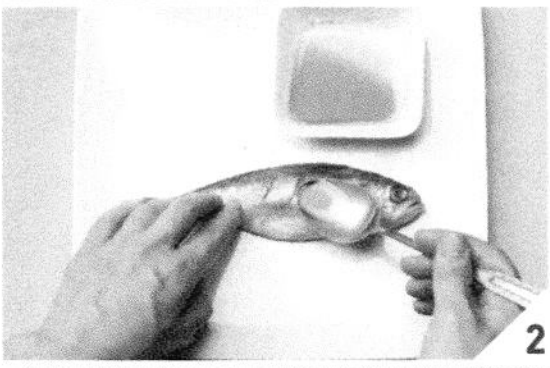
2

3

4

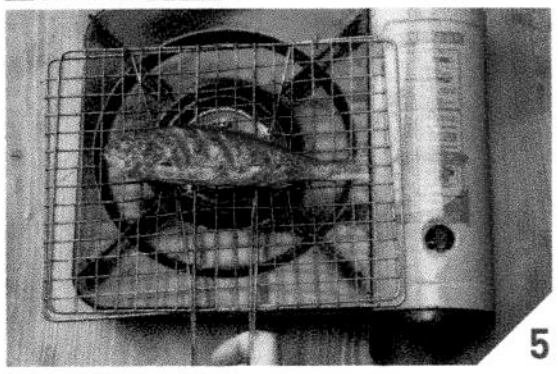
5

| 만드는 법

1 생선은 비늘과 지느러미를 손질한다. 아가미에 꼬챙이를 넣어 내장을 꺼낸 후 씻는다.
2 생선 양면에 2cm 간격으로 칼집을 3번 넣어 소금을 뿌려둔다.
3 대파와 마늘을 다져 고추장 양념과 유장을 만든다.
4 생선을 씻어 물기를 닦은 후 유장을 발라서 재워둔다.
5 석쇠를 달구어 기름을 바르고 생선을 초벌구이한다.
6 초벌구이한 생선에 고추장 양념을 발라서 타지 않게 굽는다.
7 생선을 머리가 왼쪽, 배가 아래쪽으로 오도록 접시에 담는다.

조리작업 순서

생선 손질 ➡ 칼집 넣어 소금에 절이기 ➡ 유장, 고추장 양념 만들기 ➡ 유장에 재우기 ➡ 석쇠 달구기 ➡ 초벌구이 ➡ 고추장 양념 바르기 ➡ 고추장 구이 ➡ 담기

TIP

- 유장은 진간장과 참기름의 비율이 1 : 3이다.
- 초벌구이 시 생선의 90% 정도를 익힌다.
- 고추장 양념을 바른 후에는 타지 않도록 주의한다.
- 생선이 익으면 칼집이 벌어지고, 수분이 나오지 않는다.

북어구이

시험시간 20분

요구사항	실기시험 유의사항

요구사항

주어진 재료를 사용하여 다음과 같이 〔북어구이〕를 만드시오.

1. 구워진 북어의 길이는 5cm로 하시오.
2. 유장으로 초벌구이 하고, 고추장 양념으로 석쇠에 구우시오.
3. 완성품은 3개를 제출하시오.
   (단, 세로로 잘라 3/6토막 제출할 경우 수량부족으로 실격 처리됩니다.)

실기시험 유의사항

- 북어를 물에 불려 사용한다.(이때 부서지지 않도록 유의한다.)
- 고추장 양념장을 만들어 북어에 발라 재운다.
- 북어가 타지 않도록 잘 굽는다.

1. 조리작품 만드는 순서는 틀리지 않게 하여야 한다.
2. 숙련된 기능으로 맛을 내야 하므로 조리 작업 시 음식의 맛을 보지 않는다.
3. 채점대상에서 제외되는 경우
   - 본인이 시험 도중 포기하는 경우
   - 위생복, 위생모, 앞치마, 마스크를 착용하지 않은 경우
   - 시험시간 내에 과제 두 가지를 제출하지 못한 경우
   - 문제의 요구사항대로 과제의 수량이 만들어지지 않은 경우
   - 구이를 조림 등으로 조리하여 완성품을 요구사항과 다르게 만든 경우
   - 불을 사용하여 만든 조리작품이 작품특성에 벗어나는 정도로 타거나 익지 않은 경우
   - 지급재료 이외 재료를 사용하거나 석쇠 등 요구사항의 조리기구를 사용하지 않은 경우
   - 지정된 수험자 지참준비물 이외의 조리기구를 조리에 사용한 경우
   - 화구를 2개 이상(2개 포함) 사용한 경우
   - 시험 중 시설 · 장비(칼, 가스레인지 등) 사용 시 시험위원 및 타 수험자의 시험 진행에 위해를 일으킬 것으로 시험위원 전원이 합의하여 판단한 경우
   - 요구사항에 표시된 실격 및 부정행위에 해당하는 경우

| 재료 및 분량 북어포 1마리, 대파 흰 부분 1토막, 마늘 2쪽
고추장 40g, 진간장 20mL, 흰설탕 10g, 깨소금 5g, 참기름 15mL, 검은후춧가루 2g, 식용유 10mL

—

유장 : 진간장 1/3작은술, 참기름 1작은술
북어 양념 : 고추장 1½큰술, 흰설탕 2/3큰술, 대파 1작은술, 마늘 1/2작은술, 참기름 1작은술, 깨소금 1작은술, 검은후춧가루, 물 1작은술

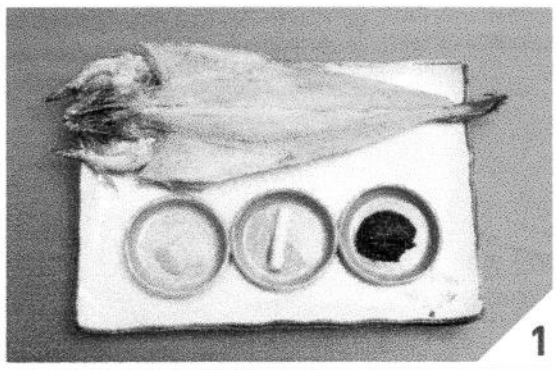
1

2

3

4

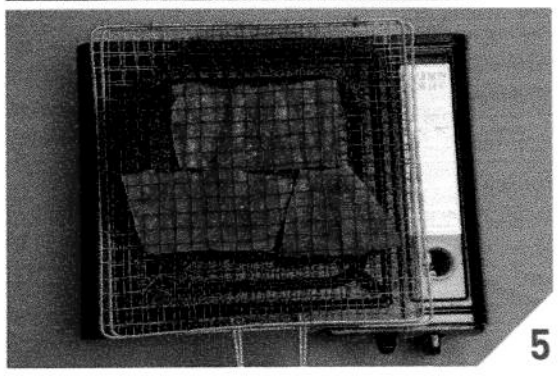
5

| 만드는 법

1 북어는 지느러미, 머리, 꼬리를 떼어내고 물에 잠깐 불려 물기를 눌러 짠다.
2 북어는 6cm 길이로 자른 뒤, 껍질 쪽에 대각선으로 칼집을 넣는다.
3 유장과 고추장 양념을 만든다.
4 북어의 앞뒤로 유장을 발라 재운다.
5 석쇠를 달구어 초벌구이한다.
6 초벌구이한 북어에 고추장 양념을 발라 타지 않게 굽는다.

조리작업 순서

북어 손질 ➡ 북어 불리기 ➡ 토막 내어 칼집 넣기 ➡ 유장, 고추장 양념 만들기 ➡ 유장에 재우기 ➡ 석쇠 달구기 ➡ 초벌구이 ➡ 고추장 양념 바르기 ➡ 고추장 구이 ➡ 담기

TIP

◈ 황태포는 물에 오래 담그면 살이 부서지므로 주의한다.
◈ 북어요리는 양념에 기름을 충분히 넣어야 맛이 부드럽다.

섭산적

시험시간 30분

요구사항	실기시험 유의사항

요구사항

주어진 재료를 사용하여 다음과 같이 〔섭산적〕을 만드시오.

1. 고기와 두부의 비율을 3:1로 하시오.
2. 다져서 양념한 소고기는 크게 반대기를 지어 석쇠에 구우시오.
3. 완성된 섭산적은 0.7cm×2cm×2cm로 9개 이상 제출하시오.

실기시험 유의사항

- 다져서 양념한 소고기는 크게 반대기를 지어 구운 뒤 자른다.
- 고기가 타지 않게 잘 구워지도록 유의한다.

1. 조리작품 만드는 순서는 틀리지 않게 하여야 한다.
2. 숙련된 기능으로 맛을 내야 하므로 조리 작업 시 음식의 맛을 보지 않는다.
3. 채점대상에서 제외되는 경우
   - 본인이 시험 도중 포기하는 경우
   - 위생복, 위생모, 앞치마, 마스크를 착용하지 않은 경우
   - 시험시간 내에 과제 두 가지를 제출하지 못한 경우
   - 문제의 요구사항대로 과제의 수량이 만들어지지 않은 경우
   - 구이를 조림 등으로 조리하여 완성품을 요구사항과 다르게 만든 경우
   - 불을 사용하여 만든 조리작품이 작품특성에 벗어나는 정도로 타거나 익지 않은 경우
   - 지급재료 이외 재료를 사용하거나 석쇠 등 요구사항의 조리기구를 사용하지 않은 경우
   - 지정된 수험자 지참준비물 이외의 조리기구를 조리에 사용한 경우
   - 화구를 2개 이상(2개 포함) 사용한 경우
   - 시험 중 시설 · 장비(칼, 가스레인지 등) 사용 시 시험위원 및 타 수험자의 시험 진행에 위해를 일으킬 것으로 시험위원 전원이 합의하여 판단한 경우
   - 요구사항에 표시된 실격 및 부정행위에 해당하는 경우

| 재료 및 분량 소고기 80g, 두부 30g, 잣 10개, 대파 흰 부분 1토막, 마늘 1쪽
소금 5g, 흰설탕 10g, 깨소금 5g, 참기름 5mL, 검은후춧가루 2g, 식용유 30mL

소고기, 두부 양념 : 소금 1/2작은술, 흰설탕 1/4작은술, 대파 2작은술,
마늘 1작은술, 참기름 1/2작은술, 검은후춧가루, 깨소금

고명 : 잣가루

1

2

3

4

5

| 만드는 법

1 소고기는 핏물을 제거한 후, 힘줄과 기름기를 제거하여 곱게 다진다.

2 두부는 면포에 짜서 물기를 제거하고 칼등으로 으깬다.

3 소고기 다진 것과 두부 으깬 것에 양념을 하여 잘 치댄다.

4 잣은 고깔을 떼고 칼날로 다져 잣가루를 만든다.

5 양념한 소고기를 두께가 0.6cm 되도록 네모지게 반대기를 지어 가로, 세로로 잔칼질을 곱게 한다.

6 석쇠를 달구어 식용유를 바르고 반대기를 굽는다.

7 구운 섭산적은 식은 후 2cm×2cm로 썰어 담고 잣가루를 올린다.

조리작업 순서

소고기 다지기 ➡ 두부 으깨기 ➡ 소고기, 두부 양념하기 ➡ 잣가루 만들기 ➡ 반대기 만들기 ➡ 석쇠 달구기 ➡ 석쇠에 굽기 ➡ 썰기 ➡ 담기 ➡ 잣가루 올리기

TIP

◈ 잣가루는 종이를 깔고 넓게 펴서 칼날로 다져야 기름이 빠져서 보슬보슬하다.

화양적

시험시간 35분

요구사항	실기시험 유의사항

주어진 재료를 사용하여 다음과 같이 〔화양적〕을 만드시오.

1. 화양적은 0.6cm×6cm×6cm로 만드시오.
2. 달걀노른자로 지단을 만들어 사용하시오.
   (단, 달걀흰자 지단을 사용하는 경우 실격으로 처리됩니다.)
3. 화양적은 2꼬치를 만들고 잣가루를 고명으로 얹으시오.

- 도라지는 물에 담가 쓴맛을 뺀다.
- 끼우는 순서는 색의 조화가 잘 이루어지도록 한다.

1. 조리작품 만드는 순서는 틀리지 않게 하여야 한다.
2. 숙련된 기능으로 맛을 내야 하므로 조리 작업 시 음식의 맛을 보지 않는다.
3. 채점대상에서 제외되는 경우
   - 본인이 시험 도중 포기하는 경우
   - 위생복, 위생모, 앞치마, 마스크를 착용하지 않은 경우
   - 시험시간 내에 과제 두 가지를 제출하지 못한 경우
   - 문제의 요구사항대로 과제의 수량이 만들어지지 않은 경우
   - 구이를 조림 등으로 조리하여 완성품을 요구사항과 다르게 만든 경우
   - 불을 사용하여 만든 조리작품이 작품특성에 벗어나는 정도로 타거나 익지 않은 경우
   - 지급재료 이외 재료를 사용하거나 석쇠 등 요구사항의 조리기구를 사용하지 않은 경우
   - 지정된 수험자 지참준비물 이외의 조리기구를 조리에 사용한 경우
   - 화구를 2개 이상(2개 포함) 사용한 경우
   - 시험 중 시설 · 장비(칼, 가스레인지 등) 사용 시 시험위원 및 타 수험자의 시험 진행에 위해를 일으킬 것으로 시험위원 전원이 합의하여 판단한 경우
   - 요구사항에 표시된 실격 및 부정행위에 해당하는 경우

| 재료 및 분량

소고기 50g, 건표고버섯 1개, 당근 50g, 통도라지 1개, 오이 1/2개, 달걀 2개, 잣 10개, 대파 흰 부분 1토막, 마늘 1쪽
흰설탕 5g, 깨소금 5g, 참기름 5mL, 검은후춧가루 2g, 진간장 5mL, 식용유 30mL
산적꼬치 2개

–

소고기, 표고 양념 : 진간장 1작은술, 흰설탕 1/2작은술, 대파 1/2작은술, 마늘 1/4작은술, 깨소금, 참기름 1/2작은술, 검은후춧가루

고명 : 잣가루

| 만드는 법

1 표고버섯은 물에 불린다. 통도라지는 손질하여 1cm×6cm×0.6cm 크기로 썰어 소금물에 주물러 쓴맛을 제거한다.

2 당근과 오이는 1cm×6cm×0.6cm 크기로 썬 후, 오이는 소금물에 절인다.

3 소고기는 잔칼집을 넣어 부드럽게 한 후 1cm×7cm×0.5cm 크기로 썰어 양념한다.

4 불린 표고버섯은 기둥을 떼고 1cm×6cm×0.6cm 크기로 썰어 양념한다.

5 도라지와 당근은 끓는 물에 데쳐 물기를 제거한다.

6 달걀은 노른자만 0.6cm 두께로 지단을 부쳐서 1cm×6cm 크기로 썬다.

7 팬에 기름을 두르고 도라지 – 오이 – 당근 – 표고 – 소고기 순으로 볶아낸다.

8 잣은 고깔을 떼고 칼날로 다져 잣가루를 만든다.

9 산적꼬치를 다듬어 재료의 색을 맞추어 끼운 후, 꼬치 양쪽을 1cm씩 남기고 정리한 다음 그릇에 담고 잣가루를 올린다.

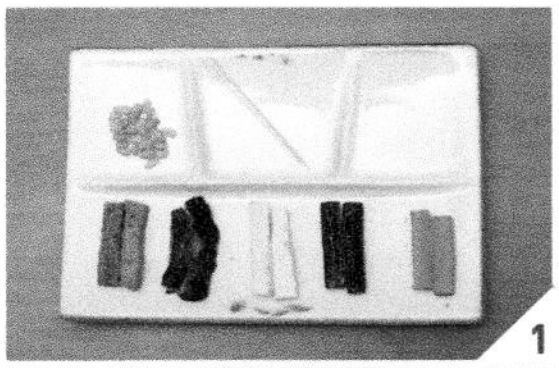
1

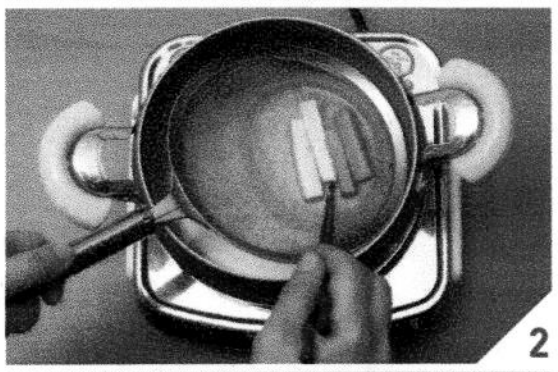
2

3

4

5

조리작업 순서

표고버섯 불리기 ➡ 채소 썰기(도라지, 당근, 오이) ➡ 도라지, 오이 소금에 절이기 ➡ 소고기, 표고버섯 썰어 양념하기 ➡ 도라지, 당근 데치기 ➡ 황색지단 부치기 ➡ 재료 볶기 ➡ 잣가루 만들기 ➡ 꼬치에 끼우기 ➡ 담기 ➡ 잣가루 올리기

TIP

◈ 당근, 도라지는 끓는 물에 데쳐서 볶는다.

◈ 산적꼬치에 기름을 바르면 재료를 끼우기 쉽다.

지짐누름적

시험시간 35분

요구사항	실기시험 유의사항

주어진 재료를 사용하여 다음과 같이 [지짐누름적]을 만드시오.

1. 각 재료는 0.6cm×1cm×6cm로 하시오.
2. 누름적의 수량은 2개를 제출하고, 꼬치는 빼서 제출하시오.

- 당근과 통도라지는 기름으로 볶으면서 소금으로 간을 한다.
- 각각의 준비된 재료는 색을 잘 살릴 수 있도록 조화롭게 끼운다.

1. 조리작품 만드는 순서는 틀리지 않게 하여야 한다.
2. 숙련된 기능으로 맛을 내야 하므로 조리 작업 시 음식의 맛을 보지 않는다.
3. 채점대상에서 제외되는 경우
   - 본인이 시험 도중 포기하는 경우
   - 위생복, 위생모, 앞치마, 마스크를 착용하지 않은 경우
   - 시험시간 내에 과제 두 가지를 제출하지 못한 경우
   - 문제의 요구사항대로 과제의 수량이 만들어지지 않은 경우
   - 구이를 조림 등으로 조리하여 완성품을 요구사항과 다르게 만든 경우
   - 불을 사용하여 만든 조리작품이 작품특성에 벗어나는 정도로 타거나 익지 않은 경우
   - 지급재료 이외 재료를 사용하거나 석쇠 등 요구사항의 조리기구를 사용하지 않은 경우
   - 지정된 수험자 지참준비물 이외의 조리기구를 조리에 사용한 경우
   - 화구를 2개 이상(2개 포함) 사용한 경우
   - 시험 중 시설 · 장비(칼, 가스레인지 등) 사용 시 시험위원 및 타 수험자의 시험 진행에 위해를 일으킬 것으로 시험위원 전원이 합의하여 판단한 경우
   - 요구사항에 표시된 실격 및 부정행위에 해당하는 경우

| 재료 및 분량 소고기 50g, 건표고버섯 1개, 당근 50g, 통도라지 1개, 쪽파 2뿌리, 달걀 1개, 밀가루 20g, 대파 흰 부분 1토막, 마늘 1쪽
참기름 5mL, 소금 5g, 진간장 10mL, 흰설탕 5g, 검은후춧가루 2g, 깨소금 5g, 식용유 30mL
산적꼬치 2개

소고기, 표고 양념 : 진간장 1작은술, 흰설탕 1/2작은술, 대파 1/2작은술, 마늘 1/4작은술, 깨소금, 참기름 1/2작은술, 검은후춧가루

1

2

3

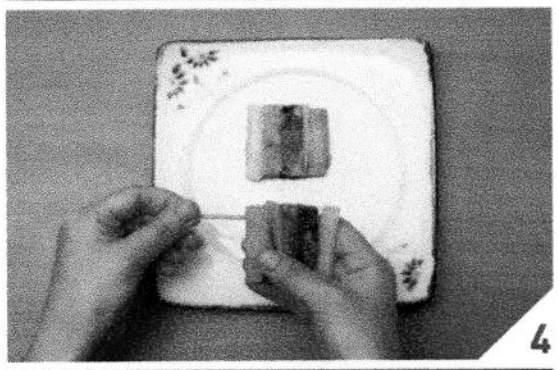
4

5

| 만드는 법

1 표고버섯은 물에 불린다. 통도라지는 손질하여 1cm×6cm×0.5cm 크기로 썰어 소금물에 주물러 쓴맛을 제거한다.

2 당근은 1cm×6cm×0.5cm 크기로 썰고, 실파는 6cm 길이로 썬다.

3 소고기는 잔칼집을 넣어 부드럽게 한 후 1cm×7cm×0.4cm 크기로 썰어 양념한다.

4 불린 표고버섯은 기둥을 떼고 1cm×6cm×0.5cm 크기로 썰어 양념한다.

5 도라지와 당근은 끓는 물에 데쳐 물기를 제거한다.

6 팬에 기름을 두르고 도라지–당근–표고–소고기 순으로 볶아낸다.

7 산적꼬치를 다듬어 재료의 색을 맞추어 끼운 후, 밀가루를 묻히고 달걀물을 입혀 팬에 지져낸다.

8 식으면 꼬치를 빼고 담는다.

조리작업 순서

표고버섯 불리기 ➡ 채소 썰기(도라지, 당근) ➡ 도라지 쓴맛 제거 ➡ 소고기, 표고버섯 썰어 양념하기 ➡ 도라지, 당근 데치기 ➡ 재료 볶기 ➡ 꼬치에 끼우기 ➡ 밀가루, 달걀물 입혀 지지기 ➡ 꼬치 빼기 ➡ 담기

TIP

- 꼬치에 끼울 때 재료 사이에 약간의 간격이 있어야 달걀물이 들어가 잘 붙는다.
- 색을 살리기 위하여 밑면만 밀가루를 묻혀서 달걀물을 씌워 지진다.
- 꼬치를 뺄 때는 식은 다음에 빼야 지짐누름적이 부서지지 않는다.

풋고추전

시험시간 25분

요구사항	실기시험 유의사항

주어진 재료를 사용하여 다음과 같이 〔풋고추전〕을 만드시오.

1. 풋고추는 5cm 길이로, 소를 넣어 지져 내시오.
2. 풋고추는 잘라 데쳐서 사용하며, 완성된 풋고추전은 8개를 제출하시오.

- 완성된 풋고추전의 색에 유의한다.

1. 조리작품 만드는 순서는 틀리지 않게 하여야 한다.
2. 숙련된 기능으로 맛을 내야 하므로 조리 작업 시 음식의 맛을 보지 않는다.
3. 채점대상에서 제외되는 경우
   - 본인이 시험 도중 포기하는 경우
   - 위생복, 위생모, 앞치마, 마스크를 착용하지 않은 경우
   - 시험시간 내에 과제 두 가지를 제출하지 못한 경우
   - 문제의 요구사항대로 과제의 수량이 만들어지지 않은 경우
   - 구이를 조림 등으로 조리하여 완성품을 요구사항과 다르게 만든 경우
   - 불을 사용하여 만든 조리작품이 작품특성에 벗어나는 정도로 타거나 익지 않은 경우
   - 지급재료 이외 재료를 사용하거나 석쇠 등 요구사항의 조리기구를 사용하지 않은 경우
   - 지정된 수험자 지참준비물 이외의 조리기구를 조리에 사용한 경우
   - 화구를 2개 이상(2개 포함) 사용한 경우
   - 시험 중 시설 · 장비(칼, 가스레인지 등) 사용 시 시험위원 및 타 수험자의 시험 진행에 위해를 일으킬 것으로 시험위원 전원이 합의하여 판단한 경우
   - 요구사항에 표시된 실격 및 부정행위에 해당하는 경우

| 재료 및 분량 풋고추 2개, 소고기 30g, 두부 15g, 달걀 1개, 밀가루 15g, 대파 흰 부분 1토막, 마늘 1쪽
검은후춧가루 1g, 참기름 5mL, 소금 5g, 깨소금 5g, 흰설탕 5g, 식용유 20mL

–

소 양념 : 소금 1/4작은술, 흰설탕 1/2작은술, 대파 1/2작은술,
마늘 1/4작은술, 깨소금, 참기름 1/4작은술, 검은후춧가루

1

2

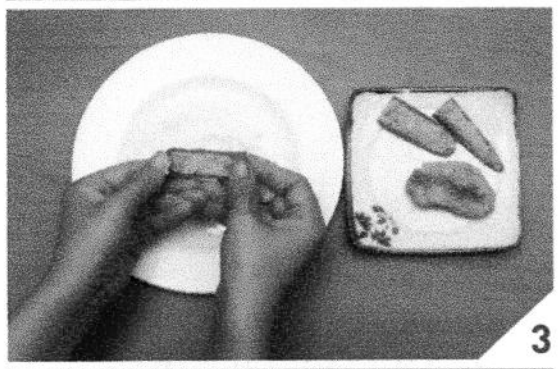
3

4

5

| 만드는 법

1 풋고추는 꼭지를 따고 길이로 2등분하여 씨를 털어내고 5cm 길이로 자른다.
2 손질한 풋고추는 끓는 소금물에 데치고 찬물에 헹구어 물기를 닦는다.
3 두부는 면포에 짜서 칼등으로 으깨고, 소고기는 곱게 다진다.
4 소고기 다진 것과 두부 으깬 것에 양념을 하여 잘 치댄다.
5 풋고추 안쪽에 밀가루를 뿌리고 양념한 소를 편편하게 채운다.
6 소가 있는 쪽만 밀가루와 달걀물을 입혀 팬에 지진다.

조리작업 순서

풋고추 손질 ➡ 풋고추 데치기 ➡ 두부 으깨기 ➡ 소고기 다지기 ➡ 소 양념하기 ➡ 풋고추에 소 채우기 ➡ 밀가루, 달걀물 씌우기 ➡ 지지기 ➡ 담기

TIP

◈ 풋고추의 양쪽 끝을 충분히 채워야 익은 후에 소가 줄어드는 것을 막을 수 있다.
◈ 풋고추전은 소가 들어간 면을 충분히 익히고, 푸른 부분을 지질 때에는 약불에서 살짝만 지진다.(센 불에서는 풋고추의 푸른 부분이 튼다)

표고전

시험시간 20분

요구사항	실기시험 유의사항

주어진 재료를 사용하여 다음과 같이 〔표고전〕을 만드시오.

1. 표고버섯과 속은 각각 양념하여 사용하시오.
2. 표고전은 5개를 제출하시오.

- 표고의 색깔을 잘 살릴 수 있도록 한다.
- 고기가 완전히 익도록 한다.

1. 조리작품 만드는 순서는 틀리지 않게 하여야 한다.
2. 숙련된 기능으로 맛을 내야 하므로 조리 작업 시 음식의 맛을 보지 않는다.
3. 채점대상에서 제외되는 경우
   - 본인이 시험 도중 포기하는 경우
   - 위생복, 위생모, 앞치마, 마스크를 착용하지 않은 경우
   - 시험시간 내에 과제 두 가지를 제출하지 못한 경우
   - 문제의 요구사항대로 과제의 수량이 만들어지지 않은 경우
   - 구이를 조림 등으로 조리하여 완성품을 요구사항과 다르게 만든 경우
   - 불을 사용하여 만든 조리작품이 작품특성에 벗어나는 정도로 타거나 익지 않은 경우
   - 지급재료 이외 재료를 사용하거나 석쇠 등 요구사항의 조리기구를 사용하지 않은 경우
   - 지정된 수험자 지참준비물 이외의 조리기구를 조리에 사용한 경우
   - 화구를 2개 이상(2개 포함) 사용한 경우
   - 시험 중 시설 · 장비(칼, 가스레인지 등) 사용 시 시험위원 및 타 수험자의 시험 진행에 위해를 일으킬 것으로 시험위원 전원이 합의하여 판단한 경우
   - 요구사항에 표시된 실격 및 부정행위에 해당하는 경우

재료 및 분량

건표고버섯 5개, 소고기 30g, 두부 15g, 달걀 1개, 밀가루 20g, 대파 흰 부분 1토막, 마늘 1쪽
검은후춧가루 1g, 참기름 5mL, 소금 5g, 깨소금 5g, 진간장 5mL, 흰설탕 5g, 식용유 20mL

—

건표고버섯 양념 : 진간장 1작은술, 흰설탕 1/2작은술, 참기름 1/2작은술
소 양념 : 소금 1/4작은술, 흰설탕 1/2작은술, 대파 1/2작은술, 마늘 1/4작은술, 깨소금, 참기름 1/4작은술, 검은후춧가루

1

2

3

4

5

만드는 법

1 표고버섯은 불려서 기둥을 떼고, 물기를 짜서 밑양념을 한다.

2 두부는 면포에 짜서 칼등으로 으깨고, 소고기는 곱게 다진다.

3 소고기 다진 것과 두부 으깬 것에 양념을 하여 잘 치댄다.

4 표고버섯 안쪽에 밀가루를 뿌리고 양념한 소를 편편하게 채운다.

5 소가 있는 쪽만 밀가루와 달걀물을 입혀 팬에 지진다.

조리작업 순서

표고버섯 불리기 ➡ 두부 으깨기 ➡ 소고기 다지기 ➡ 소 양념하기 ➡ 표고버섯 밑간하기 ➡ 표고버섯에 소 채우기 채우기 ➡ 밀가루, 달걀물 씌우기 ➡ 지지기 ➡ 담기

TIP

- 표고버섯은 물기를 꼭 짠 후 밑간하여 사용한다.
- 소를 양념할 때에는 주무르는 것보다 치대는 것이 끈기가 생겨 완자 빚기에 좋다.
- 달걀물을 편편한 접시에 담아 사용하면 표고 윗부분에 달걀물이 묻지 않아 편리하다.

생선전

시험시간 25분

요구사항

주어진 재료를 사용하여 다음과 같이 〔생선전〕을 만드시오.

1. 생선전은 0.5cm×5cm×4cm로 만드시오.
2. 달걀은 흰자, 노른자를 혼합하여 사용하시오.
3. 생선전은 8개 제출하시오.

실기시험 유의사항

- 동태의 포를 뜰 때 생선살이 부서지지 않게 한다.
- 달걀 옷이 떨어지지 않도록 한다.

1. 조리작품 만드는 순서는 틀리지 않게 하여야 한다.
2. 숙련된 기능으로 맛을 내야 하므로 조리 작업 시 음식의 맛을 보지 않는다.
3. 채점대상에서 제외되는 경우
   - 본인이 시험 도중 포기하는 경우
   - 위생복, 위생모, 앞치마, 마스크를 착용하지 않은 경우
   - 시험시간 내에 과제 두 가지를 제출하지 못한 경우
   - 문제의 요구사항대로 과제의 수량이 만들어지지 않은 경우
   - 구이를 조림 등으로 조리하여 완성품을 요구사항과 다르게 만든 경우
   - 불을 사용하여 만든 조리작품이 작품특성에 벗어나는 정도로 타거나 익지 않은 경우
   - 지급재료 이외 재료를 사용하거나 석쇠 등 요구사항의 조리기구를 사용하지 않은 경우
   - 지정된 수험자 지참준비물 이외의 조리기구를 조리에 사용한 경우
   - 화구를 2개 이상(2개 포함) 사용한 경우
   - 시험 중 시설 · 장비(칼, 가스레인지 등) 사용 시 시험위원 및 타 수험자의 시험 진행에 위해를 일으킬 것으로 시험위원 전원이 합의하여 판단한 경우
   - 요구사항에 표시된 실격 및 부정행위에 해당하는 경우

| 재료 및 분량 동태 1마리, 달걀 1개, 밀가루 30g
흰 후춧가루 2g, 소금 10g, 식용유 50mL

| 만드는 법

1 생선은 지느러미와 비늘, 내장을 제거하고 깨끗이 씻는다.
2 물기를 제거한 생선은 3장 뜨기를 한 후, 생선 껍질을 제거한다.
3 생선살은 5.5cm×4.5cm×0.4cm 크기로 포를 떠서 소금, 후추로 밑간한다.
4 생선포의 물기를 제거한 후 밀가루, 달걀물 순으로 입혀 팬에 지진다.

조리작업 순서

생선 손질 ➡ 생선 3장 뜨기 ➡ 껍질 벗기기 ➡ 포 뜨기 ➡ 소금, 후추 밑간하기 ➡ 밀가루, 달걀물 씌우기 ➡ 생선전 지지기 ➡ 담기

TIP

- 껍질을 벗길 때에는 껍질 쪽을 밑으로 가도록 하고, 꼬리 쪽에 칼을 넣어 조금 떠서 벗겨낸 껍질을 왼손에 잡고 칼을 밀면서 껍질을 벗긴다.
- 생선전을 지질 때에는 생선뼈가 있었던 부분을 먼저 지진다. (담을 때 윗면이 되도록)

육원전

시험시간 20분

요구사항	실기시험 유의사항

주어진 재료를 사용하여 다음과 같이 〔육원전〕을 만드시오.

1. 육원전은 지름 4cm, 두께 0.7cm가 되도록 하시오.
2. 달걀은 흰자, 노른자를 혼합하여 사용하시오.
3. 육원전은 6개를 제출하시오.

- 고기와 두부의 배합이 맞아야 한다.
- 전의 속까지 잘 익도록 한다.
- 모양이 흐트러지지 않아야 한다.

1. 조리작품 만드는 순서는 틀리지 않게 하여야 한다.
2. 숙련된 기능으로 맛을 내야 하므로 조리 작업 시 음식의 맛을 보지 않는다.
3. 채점대상에서 제외되는 경우
   - 본인이 시험 도중 포기하는 경우
   - 위생복, 위생모, 앞치마, 마스크를 착용하지 않은 경우
   - 시험시간 내에 과제 두 가지를 제출하지 못한 경우
   - 문제의 요구사항대로 과제의 수량이 만들어지지 않은 경우
   - 구이를 조림 등으로 조리하여 완성품을 요구사항과 다르게 만든 경우
   - 불을 사용하여 만든 조리작품이 작품특성에 벗어나는 정도로 타거나 익지 않은 경우
   - 지급재료 이외 재료를 사용하거나 석쇠 등 요구사항의 조리기구를 사용하지 않은 경우
   - 지정된 수험자 지참준비물 이외의 조리기구를 조리에 사용한 경우
   - 화구를 2개 이상(2개 포함) 사용한 경우
   - 시험 중 시설 · 장비(칼, 가스레인지 등) 사용 시 시험위원 및 타 수험자의 시험 진행에 위해를 일으킬 것으로 시험위원 전원이 합의하여 판단한 경우
   - 요구사항에 표시된 실격 및 부정행위에 해당하는 경우

| 재료 및 분량 소고기 70g, 두부 30g, 달걀 1개, 밀가루 20g, 대파 흰 부분 1토막, 마늘 1쪽 깨소금 5g, 검은후춧가루 2g, 참기름 5mL, 소금 5g, 흰설탕 5g, 식용유 30mL

양념 : 소금 1/3작은술, 흰설탕 1/2작은술, 대파 1작은술, 마늘 1/2작은술, 깨소금, 참기름 1/2작은술, 검은후춧가루

1

| 만드는 법

1 두부는 면포에 짜서 물기를 제거한 후 칼등으로 으깬다.

2

2 소고기는 살코기 부분만 잘 다진다.

3 소고기와 두부를 합하여 양념한다.

3

4 지름 4.5cm, 두께 0.6cm 크기의 완자를 빚는다.

4

5 완자에 밀가루, 달걀물 순으로 묻혀 팬에 지진다.

5

조리작업 순서

두부 다지기 ➡ 소고기 다지기 ➡ 완자 양념하기 ➡ 완자 빚기 ➡ 밀가루, 달걀물 입히기 ➡ 육원전 지지기 ➡ 담기

TIP

- 완자를 양념할 때는 주무르는 것보다 치대는 것이 끈기가 생겨 완자 빚기에 좋다.
- 완자를 빚은 후 가운데 부분을 살짝 눌러주면 익은 후 가운데 부분이 올라오는 것을 막을 수 있다.
- 전을 지질 때 달걀노른자 1개에 흰자는 1/2만 사용하면 색이 곱다.
- 전을 지질 때에는 담을 때 윗면에 오는 쪽을 먼저 지지도록 한다.

두부조림

시험시간 25분

요구사항	실기시험 유의사항

주어진 재료를 사용하여 다음과 같이 〔두부조림〕을 만드시오.

1. 두부는 0.8cm×3cm×4.5cm로 써시오.
2. 8쪽을 제출하고, 촉촉하게 보이도록 국물을 약간 끼얹어 내시오.
3. 실고추와 파채를 고명으로 얹으시오.

- 두부가 부서지지 않고 질기지 않게 한다.
- 조림은 색깔이 좋고 윤기가 나도록 한다.

1. 조리작품 만드는 순서는 틀리지 않게 하여야 한다.
2. 숙련된 기능으로 맛을 내야 하므로 조리 작업 시 음식의 맛을 보지 않는다.
3. 채점대상에서 제외되는 경우
   - 본인이 시험 도중 포기하는 경우
   - 위생복, 위생모, 앞치마, 마스크를 착용하지 않은 경우
   - 시험시간 내에 과제 두 가지를 제출하지 못한 경우
   - 문제의 요구사항대로 과제의 수량이 만들어지지 않은 경우
   - 구이를 조림 등으로 조리하여 완성품을 요구사항과 다르게 만든 경우
   - 불을 사용하여 만든 조리작품이 작품특성에 벗어나는 정도로 타거나 익지 않은 경우
   - 지급재료 이외 재료를 사용하거나 석쇠 등 요구사항의 조리기구를 사용하지 않은 경우
   - 지정된 수험자 지참준비물 이외의 조리기구를 조리에 사용한 경우
   - 화구를 2개 이상(2개 포함) 사용한 경우
   - 시험 중 시설 · 장비(칼, 가스레인지 등) 사용 시 시험위원 및 타 수험자의 시험 진행에 위해를 일으킬 것으로 시험위원 전원이 합의하여 판단한 경우
   - 요구사항에 표시된 실격 및 부정행위에 해당하는 경우

| 재료 및 분량 두부 200g, 실고추 1g, 대파 흰 부분 1토막, 마늘 1쪽
검은후춧가루 1g, 참기름 5mL, 소금 5g, 깨소금 5g, 진간장 15mL, 흰설탕 5g, 식용유 30mL

—

조림장 : 진간장 1큰술, 흰설탕 1/2큰술, 대파, 마늘, 깨소금, 참기름+물 1/2컵
고명 : 파채, 실고추

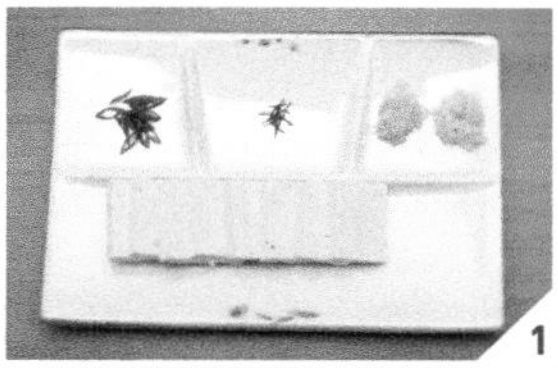
1

2

3

4

5

| 만드는 법

1 두부는 3cm×4.5cm×0.8cm 크기로 썰어 소금을 뿌려둔다.

2 대파는 1.5cm 길이로 채 썰고, 실고추도 1.5cm 길이로 잘라 고명을 준비한다.

3 조림장을 만든다.

4 두부의 물기를 닦고 기름을 넉넉히 두른 팬에서 앞뒤를 노릇노릇 지져낸다.

5 냄비에 두부를 넣고 양념장을 고루 끼얹어 천천히 조린다. (센 불 → 약불)

6 두부가 조려지면 파채와 실고추를 얹어 잠시 뜸을 들인다.

7 접시에 담아낸다.

조리작업 순서

두부 손질 ➡ 고명 준비 ➡ 조림장 준비 ➡ 두부 지지기 ➡ 두부 조리기 ➡ 고명 얹어 뜸들이기 ➡ 담기

TIP

◈ 두부를 노릇노릇 지져야 부서지지 않는다.

◈ 파채를 준비할 때 대파는 길이로 채 썰고, 실파는 어슷썬다.

홍합초

시험시간 20분

요구사항	실기시험 유의사항

요구사항

주어진 재료를 사용하여 다음과 같이 〔홍합초〕를 만드시오.

1. 마늘과 생강은 편으로, 파는 2cm로 써시오.
2. 홍합은 전량 사용하고, 촉촉하게 보이도록 국물을 끼얹어 제출하시오.
3. 잣가루를 고명으로 얹으시오.

실기시험 유의사항

- 홍합을 깨끗이 손질한다.
- 조려진 홍합이 너무 질기지 않아야 한다.

1. 조리작품 만드는 순서는 틀리지 않게 하여야 한다.
2. 숙련된 기능으로 맛을 내야 하므로 조리 작업 시 음식의 맛을 보지 않는다.
3. 채점대상에서 제외되는 경우
   - 본인이 시험 도중 포기하는 경우
   - 위생복, 위생모, 앞치마, 마스크를 착용하지 않은 경우
   - 시험시간 내에 과제 두 가지를 제출하지 못한 경우
   - 문제의 요구사항대로 과제의 수량이 만들어지지 않은 경우
   - 구이를 조림 등으로 조리하여 완성품을 요구사항과 다르게 만든 경우
   - 불을 사용하여 만든 조리작품이 작품특성에 벗어나는 정도로 타거나 익지 않은 경우
   - 지급재료 이외 재료를 사용하거나 석쇠 등 요구사항의 조리기구를 사용하지 않은 경우
   - 지정된 수험자 지참준비물 이외의 조리기구를 조리에 사용한 경우
   - 화구를 2개 이상(2개 포함) 사용한 경우
   - 시험 중 시설 · 장비(칼, 가스레인지 등) 사용 시 시험위원 및 타 수험자의 시험 진행에 위해를 일으킬 것으로 시험위원 전원이 합의하여 판단한 경우
   - 요구사항에 표시된 실격 및 부정행위에 해당하는 경우

| 재료 및 분량 생홍합살 100g, 생강 15g, 잣 5개, 대파 흰 부분 1토막, 마늘 2쪽
검은후춧가루 2g, 참기름 5mL, 진간장 40mL, 흰설탕 10g

—

조림장 : 진간장 1큰술, 흰설탕 2/3큰술, 물 5큰술
고명 : 잣가루

1

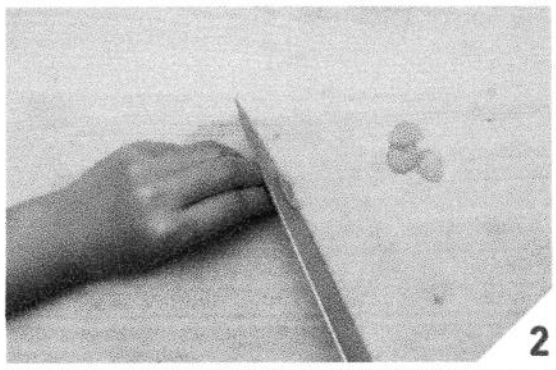
2

3

4

5

| 만드는 법

1 생홍합은 소금물에 흔들어 씻어 잔털을 제거하고 끓는 물에 데쳐낸다.
2 대파는 2cm 길이로 썰고, 마늘과 생강은 편으로 썬다.
3 잣은 고깔을 뗀 후 다져 가루로 만든다.
4 냄비에 진간장, 설탕, 물을 넣고 끓인다. 조림장이 끓으면 데친 홍합, 마늘, 생강 순으로 넣고 조린다.
5 국물이 거의 졸아들면 대파를 넣고 조린다.
6 불을 끄고 참기름, 후추를 넣는다.
7 그릇에 담고 잣가루를 뿌린다.

조리작업 순서

홍합 손질 ➡ 홍합 데치기 ➡ 대파 썰기 ➡ 마늘, 생강 편 썰기 ➡ 잣가루 만들기 ➡ 양념장 끓이기 ➡ 홍합 조리기 ➡ 마늘, 생강 넣기 ➡ 대파 넣기 ➡ 참기름, 후추 ➡ 담기 ➡ 잣가루 뿌리기

TIP

◈ 생홍합은 잔털(족사)을 너무 세게 잡아서 빼면 홍합살이 부서질 수 있으니 주의한다.

겨자채

시험시간
35분

요구사항	실기시험 유의사항

주어진 재료를 사용하여 다음과 같이 〔겨자채〕를 만드시오.

1. 채소, 편육, 황 · 백지단, 배는 0.3cm×1cm×4cm로 써시오.
2. 밤은 모양대로 납작하게 써시오.
3. 겨자는 발효시켜 매운맛이 나도록 하여 간을 맞춘 후 재료를 무쳐서 담고, 잣은 고명으로 올리시오

- 채소는 찬물에 담가 싱싱하게 아삭거릴 수 있도록 준비한다.

1. 조리작품 만드는 순서는 틀리지 않게 하여야 한다.
2. 숙련된 기능으로 맛을 내야 하므로 조리 작업 시 음식의 맛을 보지 않는다.
3. 채점대상에서 제외되는 경우
   - 본인이 시험 도중 포기하는 경우
   - 위생복, 위생모, 앞치마, 마스크를 착용하지 않은 경우
   - 시험시간 내에 과제 두 가지를 제출하지 못한 경우
   - 문제의 요구사항대로 과제의 수량이 만들어지지 않은 경우
   - 구이를 조림 등으로 조리하여 완성품을 요구사항과 다르게 만든 경우
   - 불을 사용하여 만든 조리작품이 작품특성에 벗어나는 정도로 타거나 익지 않은 경우
   - 지급재료 이외 재료를 사용하거나 석쇠 등 요구사항의 조리기구를 사용하지 않은 경우
   - 지정된 수험자 지참준비물 이외의 조리기구를 조리에 사용한 경우
   - 화구를 2개 이상(2개 포함) 사용한 경우
   - 시험 중 시설 · 장비(칼, 가스레인지 등) 사용 시 시험위원 및 타 수험자의 시험 진행에 위해를 일으킬 것으로 시험위원 전원이 합의하여 판단한 경우
   - 요구사항에 표시된 실격 및 부정행위에 해당하는 경우

| 재료 및 분량 소고기 50g, 양배추 50g, 오이 1/3개, 당근 50g, 배 1/8개, 달걀 1개, 밤 2개, 잣 5개, 겨잣가루 6g
흰설탕 20g, 소금 5g, 식초 10mL, 진간장 5mL, 식용유 10mL

겨자 개기 : 겨자 1큰술, 물 1/2큰술
겨자장 : 발효겨자 1큰술, 식초 1큰술, 흰설탕 1큰술, 진간장 1/2작은술, 소금 1/3작은술
고명 : 잣

| 만드는 법

1 소고기는 끓는 물에 익힌다. 수육은 뜨거울 때 면포에 싸서 도마로 눌러 모양을 잡는다.
2 겨자는 따뜻한 물로 되직하게 개어 물이 끓는 냄비 뚜껑 위에 엎어 발효시킨다.
3 양배추, 오이, 당근은 1cm×4cm×0.3cm 크기로 썰어 찬물에 담근다.
4 배는 1cm×4cm×0.3cm 크기로 썰고, 밤은 편 썰기하여 설탕물에 담근다.
5 수육은 결의 반대로 채소와 같은 크기로 썬다.
6 달걀은 황·백지단을 부쳐 채소와 같은 크기로 썬다.
7 잣은 고깔을 떼고 준비한다.
8 발효겨자에 양념을 넣어 겨자장을 만든다.
9 채소의 물기를 제거하여 편육, 지단과 함께 겨자장으로 골고루 버무린다.
10 그릇에 담고 잣을 고명으로 얹는다.

1

2

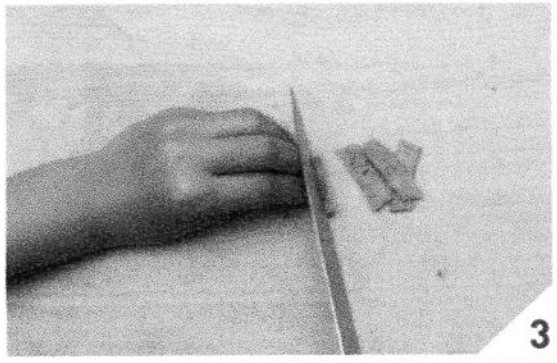
3

4

5

조리작업 순서

소고기 삶기 ➡ 겨자 발효시키기 ➡ 채소 골패형 썰기(오이, 당근, 양배추) ➡ 배, 밤 썰기 ➡ 수육 썰기 ➡ 황·백지단 부치기, 썰기 ➡ 겨자장 만들기 ➡ 채소 물기 제거 ➡ 버무리기 ➡ 담기 ➡ 고명 얹기(잣)

TIP

- 소고기는 핏물을 제거한 후 끓는 물에 향미채소와 고기를 함께 넣고 삶는다.
- 수육은 고기가 뜨거울 때 보에 싸서 눌러 놓으면 고기 사이의 지방층이 응고되어 굳는다.
- 겨자는 따뜻한 물로 개어 따뜻한 곳에서 발효시켜야 톡 쏘는 맛을 낼 수 있다.

도라지생채

시험시간 15분

요구사항	실기시험 유의사항

주어진 재료를 사용하여 다음과 같이 〔도라지생채〕를 만드시오.

1 도라지는 0.3cm×0.3cm×6cm로 써시오.

2 생채는 고추장과 고춧가루 양념으로 무쳐 제출하시오.

- 도라지는 굵기와 길이를 일정하게 하도록 한다.
- 양념이 거칠지 않고 색이 고와야 한다.

1 조리작품 만드는 순서는 틀리지 않게 하여야 한다.
2 숙련된 기능으로 맛을 내야 하므로 조리 작업 시 음식의 맛을 보지 않는다.
3 채점대상에서 제외되는 경우
 - 본인이 시험 도중 포기하는 경우
 - 위생복, 위생모, 앞치마, 마스크를 착용하지 않은 경우
 - 시험시간 내에 과제 두 가지를 제출하지 못한 경우
 - 문제의 요구사항대로 과제의 수량이 만들어지지 않은 경우
 - 구이를 조림 등으로 조리하여 완성품을 요구사항과 다르게 만든 경우
 - 불을 사용하여 만든 조리작품이 작품특성에 벗어나는 정도로 타거나 익지 않은 경우
 - 지급재료 이외 재료를 사용하거나 석쇠 등 요구사항의 조리기구를 사용하지 않은 경우
 - 지정된 수험자 지참준비물 이외의 조리기구를 조리에 사용한 경우
 - 화구를 2개 이상(2개 포함) 사용한 경우
 - 시험 중 시설 · 장비(칼, 가스레인지 등) 사용 시 시험위원 및 타 수험자의 시험 진행에 위해를 일으킬 것으로 시험위원 전원이 합의하여 판단한 경우
 - 요구사항에 표시된 실격 및 부정행위에 해당하는 경우

| 재료 및 분량 통도라지 3개, 대파 흰 부분 1토막, 마늘 1쪽
고추장 20g, 고춧가루 10g, 흰설탕 10g, 식초 15mL, 소금 5g, 깨소금 5g

생채 양념장 : 고추장 1작은술, 고춧가루 1/3작은술, 흰설탕 1작은술, 식초 1작은술, 대파 1/2작은술, 마늘 1/4작은술, 깨소금 1/2작은술

1

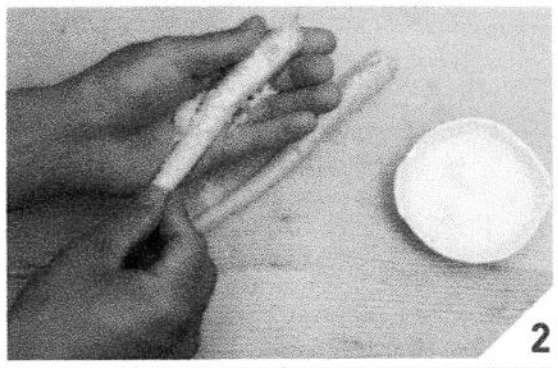
2

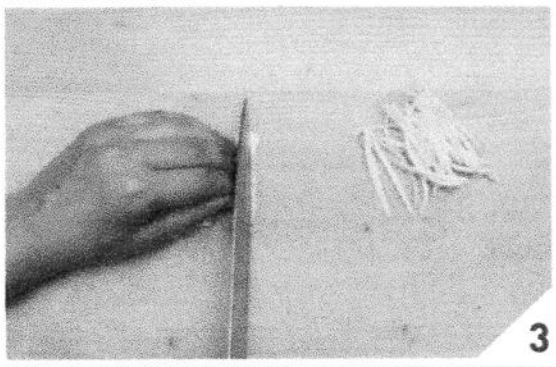
3

4

5

| 만드는 법

1 도라지는 껍질을 벗겨 길이 6cm, 두께 0.3cm로 채 썰어 소금을 뿌려 절인다.

2 절인 도라지는 주물러 씻어서 쓴맛을 빼고 면포로 눌러 물기를 꼭 짠다.

3 대파, 마늘을 곱게 다져 고추장과 고춧가루를 혼합하여 생채 양념장을 만든다.

4 생채 양념장으로 도라지를 무쳐 그릇에 담아낸다.

조리작업 순서

도라지 껍질 벗기기 ➡ 도라지 채 썰기 ➡ 소금에 주물러 쓴맛 빼기 ➡ 면포에 짜기 ➡ 생채 양념장 만들기 ➡ 버무리기 ➡ 담기

TIP

- 도라지는 껍질을 벗긴 다음 편으로 썰어서 채 썬다.
- 도라지는 소금으로 주물러 씻어야 쓴맛이 빠지며 부드러워진다.

무생채

시험시간 15분

요구사항	실기시험 유의사항

주어진 재료를 사용하여 다음과 같이 〔무생채〕를 만드시오.

1. 무는 0.2cm×0.2cm×6cm로 썰어 사용하시오.
2. 생채는 고춧가루를 사용하시오.
3. 무생채는 70g 이상 제출하시오.

- 무채는 길이와 굵기를 일정하게 썰고 무채의 색에 유의한다.
- 무쳐 놓은 생채는 싱싱하고 깨끗하게 한다.
- 식초와 설탕의 비율을 맞추는 데 유의한다.

1. 조리작품 만드는 순서는 틀리지 않게 하여야 한다.
2. 숙련된 기능으로 맛을 내야 하므로 조리 작업 시 음식의 맛을 보지 않는다.
3. 채점대상에서 제외되는 경우
   - 본인이 시험 도중 포기하는 경우
   - 위생복, 위생모, 앞치마, 마스크를 착용하지 않은 경우
   - 시험시간 내에 과제 두 가지를 제출하지 못한 경우
   - 문제의 요구사항대로 과제의 수량이 만들어지지 않은 경우
   - 구이를 조림 등으로 조리하여 완성품을 요구사항과 다르게 만든 경우
   - 불을 사용하여 만든 조리작품이 작품특성에 벗어나는 정도로 타거나 익지 않은 경우
   - 지급재료 이외 재료를 사용하거나 석쇠 등 요구사항의 조리기구를 사용하지 않은 경우
   - 지정된 수험자 지참준비물 이외의 조리기구를 조리에 사용한 경우
   - 화구를 2개 이상(2개 포함) 사용한 경우
   - 시험 중 시설 · 장비(칼, 가스레인지 등) 사용 시 시험위원 및 타 수험자의 시험 진행에 위해를 일으킬 것으로 시험위원 전원이 합의하여 판단한 경우
   - 요구사항에 표시된 실격 및 부정행위에 해당하는 경우

| 재료 및 분량 무 120g, 생강 5g, 대파 흰 부분 1토막, 마늘 1쪽
소금 5g, 고춧가루 10g, 흰설탕 10g, 식초 5mL, 깨소금 5g

생채 양념장 : 소금 1/2작은술, 흰설탕 2작은술, 식초 2작은술, 대파 1/2작은술, 마늘 1/4작은술, 생강 1/8작은술, 깨소금 1/2작은술

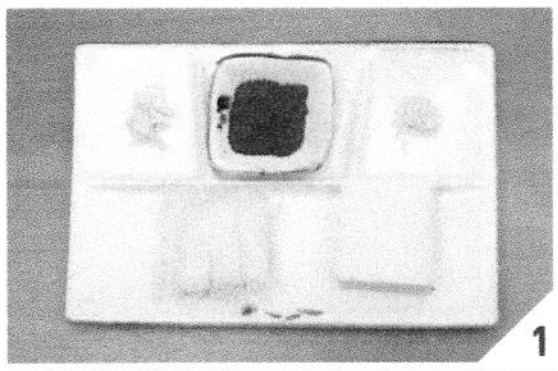

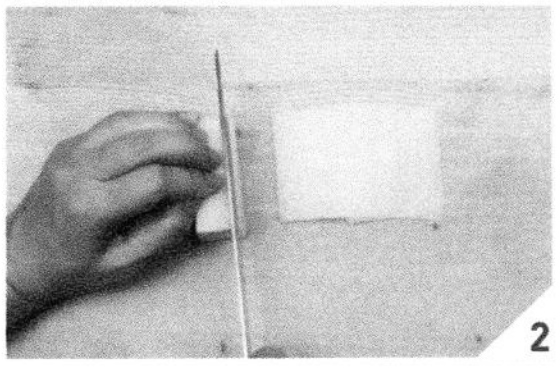

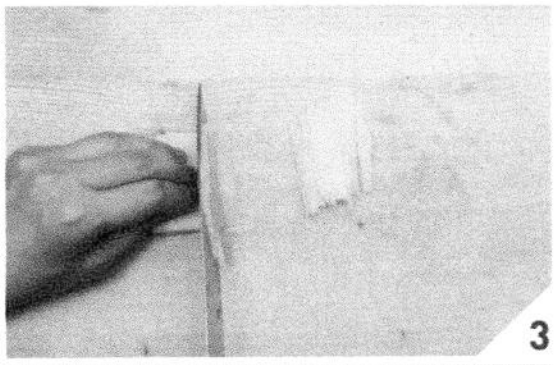

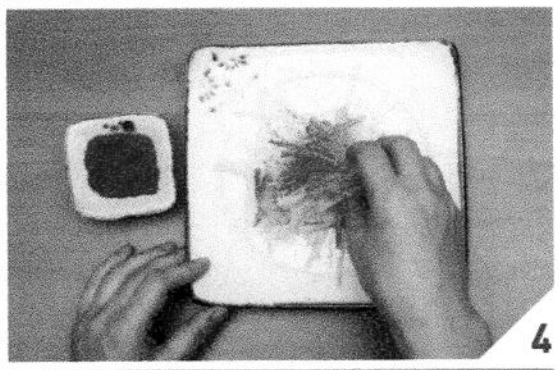

| 만드는 법

1 무는 손질하여 0.2cm×0.2cm×6cm 크기로 일정하게 채 썬다.

2 고춧가루는 체에 거른 다음 무에 버무려 고춧물을 들인다.

3 파, 마늘, 생강을 곱게 다져 생채 양념을 만든다.

4 생채 양념장으로 무를 버무린다.

조리작업 순서

무 손질 ➡ 무 채 썰기 ➡ 고춧물 들이기 ➡ 양념장 만들기 ➡ 양념에 버무리기 ➡ 담기

TIP

◈ 무는 길이방향으로 채 썰어야 싱싱하다.

◈ 양념을 하기 전에 고춧물을 먼저 들여야 색이 곱다.

◈ 생채 양념은 상에 내기 직전에 손끝으로 가볍게 살살 버무려야 물기가 생기지 않는다.

더덕생채

시험시간 20분

요구사항	실기시험 유의사항

주어진 재료를 사용하여 다음과 같이 〔더덕생채〕를 만드시오.

1. 더덕은 5cm로 썰어 두들겨 편 후 찢어서 쓴맛을 제거하여 사용하시오.
2. 고춧가루로 양념하고, 전량 제출하시오.

- 더덕을 두드릴 때 부스러지지 않도록 한다.
- 무쳐진 상태가 깨끗하고 빛이 고와야 한다.

1. 조리작품 만드는 순서는 틀리지 않게 하여야 한다.
2. 숙련된 기능으로 맛을 내야 하므로 조리 작업 시 음식의 맛을 보지 않는다.
3. 채점대상에서 제외되는 경우
   - 본인이 시험 도중 포기하는 경우
   - 위생복, 위생모, 앞치마, 마스크를 착용하지 않은 경우
   - 시험시간 내에 과제 두 가지를 제출하지 못한 경우
   - 문제의 요구사항대로 과제의 수량이 만들어지지 않은 경우
   - 구이를 조림 등으로 조리하여 완성품을 요구사항과 다르게 만든 경우
   - 불을 사용하여 만든 조리작품이 작품특성에 벗어나는 정도로 타거나 익지 않은 경우
   - 지급재료 이외 재료를 사용하거나 석쇠 등 요구사항의 조리기구를 사용하지 않은 경우
   - 지정된 수험자 지참준비물 이외의 조리기구를 조리에 사용한 경우
   - 화구를 2개 이상(2개 포함) 사용한 경우
   - 시험 중 시설 · 장비(칼, 가스레인지 등) 사용 시 시험위원 및 타 수험자의 시험 진행에 위해를 일으킬 것으로 시험위원 전원이 합의하여 판단한 경우
   - 요구사항에 표시된 실격 및 부정행위에 해당하는 경우

| 재료 및 분량 통더덕 2개, 대파 흰 부분 1토막, 마늘 1쪽
고춧가루 20g, 소금 5g, 깨소금 5g, 흰설탕 5g, 식초 5mL

—

생채 양념장 : 고춧가루 1작은술, 흰설탕 1작은술, 식초 1작은술, 대파 1/2작은술, 마늘 1/4작은술, 깨소금 1/2작은술

1

2

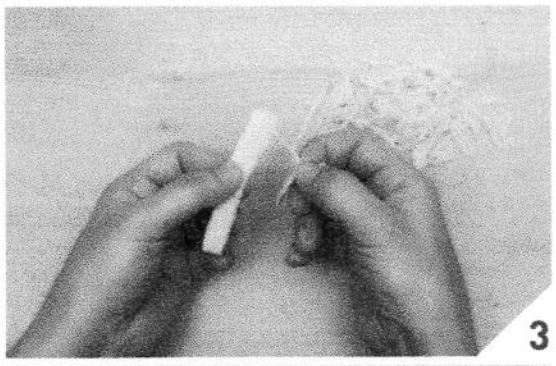
3

4

5

| 만드는 법

1 더덕은 물에 씻어 껍질을 돌려가며 벗긴 후 반으로 쪼개 소금물에 담가 쓴맛을 우려낸다.

2 더덕은 물기를 닦고 방망이로 자근자근 두드린 다음 가늘고 길게 찢는다.

3 파, 마늘을 곱게 다지고 고춧가루를 이용하여 생채 양념장을 만든다.

4 생채 양념장으로 더덕을 무쳐 그릇에 담아낸다.

조리작업 순서

더덕 껍질 벗기기 ➡ 더덕 반으로 가르기 ➡ 소금물에 담그기 ➡ 물기 제거 ➡ 더덕 찢기 ➡ 생채 양념장 만들기 ➡ 버무리기 ➡ 담기

TIP

◈ 더덕은 칼로 채 썰면 안 되고, 방망이로 두드린 후 가늘게 찢어야 한다.

◈ 더덕을 방망이로 너무 세게 두드리면 찢어지지 않고 부스러지므로 주의한다.

육회

시험시간 20분

요구사항	실기시험 유의사항

주어진 재료를 사용하여 다음과 같이 [육회]를 만드시오.

1. 소고기는 0.3cm×0.3cm×6cm로 썰어 소금 양념으로 하시오.
2. 마늘은 편으로 썰어 장식하고 잣가루를 고명으로 얹으시오.
3. 소고기는 손질하여 전량 사용하시오.

- 소고기의 채를 고르게 썬다.
- 배와 양념한 소고기의 변색에 유의한다.

1. 조리작품 만드는 순서는 틀리지 않게 하여야 한다.
2. 숙련된 기능으로 맛을 내야 하므로 조리 작업 시 음식의 맛을 보지 않는다.
3. 채점대상에서 제외되는 경우
   - 본인이 시험 도중 포기하는 경우
   - 위생복, 위생모, 앞치마, 마스크를 착용하지 않은 경우
   - 시험시간 내에 과제 두 가지를 제출하지 못한 경우
   - 문제의 요구사항대로 과제의 수량이 만들어지지 않은 경우
   - 구이를 조림 등으로 조리하여 완성품을 요구사항과 다르게 만든 경우
   - 불을 사용하여 만든 조리작품이 작품특성에 벗어나는 정도로 타거나 익지 않은 경우
   - 지급재료 이외 재료를 사용하거나 석쇠 등 요구사항의 조리기구를 사용하지 않은 경우
   - 지정된 수험자 지참준비물 이외의 조리기구를 조리에 사용한 경우
   - 화구를 2개 이상(2개 포함) 사용한 경우
   - 시험 중 시설 · 장비(칼, 가스레인지 등) 사용 시 시험위원 및 타 수험자의 시험 진행에 위해를 일으킬 것으로 시험위원 전원이 합의하여 판단한 경우
   - 요구사항에 표시된 실격 및 부정행위에 해당하는 경우

| 재료 및 분량 소고기 90g, 배 1/4개, 잣 5개, 대파 흰 부분 2토막, 마늘 3쪽
소금 5g, 흰설탕 30g, 검은후춧가루 2g, 참기름 10mL, 깨소금 5g

밑 양념 : 흰설탕 2/3큰술, 참기름 1/2큰술
소금양념 : 소금 1/2작은술, 대파 1/2작은술, 마늘 1/4작은술, 깨소금 1/2작은술, 검은후춧가루
고명 : 잣가루

1

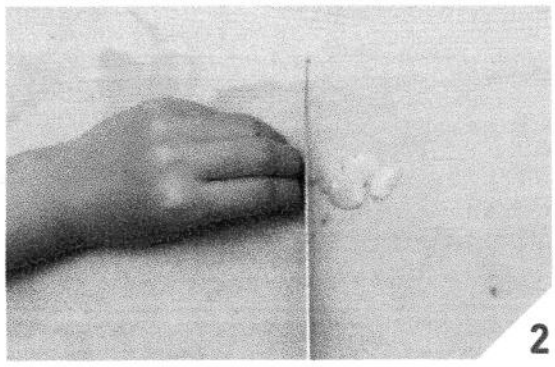
2

3

4

5

| 만드는 법

1. 소고기는 기름기를 제거하고 0.3cm×0.3cm 크기로 채 썬다.
2. 설탕과 참기름으로 고기의 밑 양념을 한다.
3. 마늘의 일부는 편 썰고, 일부는 대파와 함께 곱게 다진다.
4. 배는 4cm×0.3cm×0.3cm 크기로 채 썰어 설탕물에 담근다.
5. 잣은 고깔을 떼고 다져 가루로 만든다.
6. 소금양념을 만든다.
7. 양념장에 소고기를 무친다.
8. 접시 가장자리에 배를 돌려 담고, 가운데 고기를 올린 후, 마늘편을 고기둘레에 두른다.
9. 잣가루를 고명으로 올린다.

조리작업 순서

소고기 채 썰기 ➡ 소고기 밑 양념하기 ➡ 마늘 편썰기 ➡ 배 채 썰어 설탕물에 담그기 ➡ 잣가루 만들기 ➡ 소금양념 만들기 ➡ 소고기 양념하기 ➡ 육회 담기(배 – 소고기 – 마늘편) ➡ 잣가루 올리기

TIP

◈ 고기를 부드럽게 하기 위하여 흰설탕과 참기름으로 밑 양념한다.

◈ 설탕과 참기름을 넉넉히 사용해야 색이 곱다.

미나리강회

시험시간 35분

요구사항	실기시험 유의사항

요구사항

주어진 재료를 사용하여 다음과 같이 〔미나리강회〕를 만드시오.

1 강회의 폭은 1.5cm, 길이는 5cm로 만드시오.

2 붉은 고추의 폭은 0.5cm, 길이는 4cm로 만드시오.

3 강회는 8개 만들어 초고추장과 함께 제출하시오.

실기시험 유의사항

- 각 재료 크기를 같게 한다.(붉은 고추의 폭은 제외)
- 색깔은 조화있게 만든다.

1 조리작품 만드는 순서는 틀리지 않게 하여야 한다.
2 숙련된 기능으로 맛을 내야 하므로 조리 작업 시 음식의 맛을 보지 않는다.
3 채점대상에서 제외되는 경우
- 본인이 시험 도중 포기하는 경우
- 위생복, 위생모, 앞치마, 마스크를 착용하지 않은 경우
- 시험시간 내에 과제 두 가지를 제출하지 못한 경우
- 문제의 요구사항대로 과제의 수량이 만들어지지 않은 경우
- 구이를 조림 등으로 조리하여 완성품을 요구사항과 다르게 만든 경우
- 불을 사용하여 만든 조리작품이 작품특성에 벗어나는 정도로 타거나 익지 않은 경우
- 지급재료 이외 재료를 사용하거나 석쇠 등 요구사항의 조리기구를 사용하지 않은 경우
- 지정된 수험자 지참준비물 이외의 조리기구를 조리에 사용한 경우
- 화구를 2개 이상(2개 포함) 사용한 경우
- 시험 중 시설 · 장비(칼, 가스레인지 등) 사용 시 시험위원 및 타 수험자의 시험 진행에 위해를 일으킬 것으로 시험위원 전원이 합의하여 판단한 경우
- 요구사항에 표시된 실격 및 부정행위에 해당하는 경우

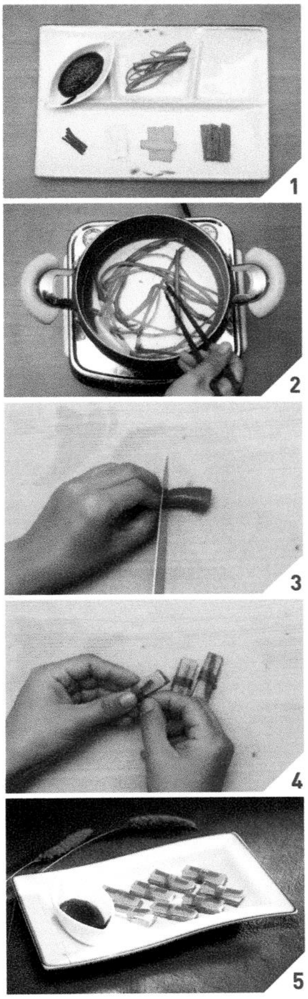

| 재료 및 분량 미나리 30g, 소고기 80g, 홍고추 1개, 달걀 2개
고추장 15g, 식초 5mL, 흰설탕 5g, 소금 5g, 식용유 10mL

초고추장 : 고추장 1/2큰술, 식초 1작은술, 흰설탕 1작은술, 물 1작은술

| 만드는 법

1 소고기는 끓는 물에 삶아 눌러 식혀서 5cm×1.5cm×0.3cm 크기로 썬다.
2 미나리는 뿌리와 잎을 다듬어 끓는 물에 소금을 넣고 데친 다음 찬물에 헹구어 물기를 짠다.
3 붉은 고추는 반으로 갈라 씨를 빼고 4cm×0.5cm 크기로 썬다.
4 달걀은 황 · 백지단을 두껍게 부쳐 5cm×1.5cm 크기로 썬다.
5 편육, 흰 지단, 노란 지단, 붉은 고추를 가지런히 놓고 미나리로 중간을 돌려 감는다.
6 초고추장을 곁들여 낸다.

조리작업 순서

소고기 삶기 ➡ 미나리 데치기 ➡ 붉은 고추 썰기 ➡ 황 · 백지단 부치기, 썰기 ➡ 편육 썰기 ➡ 미나리강회 만들기 ➡ 초고추장 만들기 ➡ 담기

TIP

◈ 데친 미나리가 굵을 때에는 2~4등분으로 갈라서 사용한다.

탕평채

시험시간 35분

요구사항	실기시험 유의사항

요구사항

주어진 재료를 사용하여 다음과 같이 〔탕평채〕를 만드시오.

1. 청포묵은 0.4cm×0.4cm×6cm로 썰어 데쳐서 사용하시오.
2. 모든 부재료의 길이는 4~5cm로 써시오.
3. 소고기, 미나리, 거두절미한 숙주는 각각 조리하여 청포묵과 함께 초간장으로 무쳐 담아내시오.
4. 황 · 백지단은 4cm 길이로 채 썰고, 김은 구워 부셔서 고명으로 얹으시오.

실기시험 유의사항

- 숙주는 거두절미하고 미나리는 다듬어 데친다.

1. 조리작품 만드는 순서는 틀리지 않게 하여야 한다.
2. 숙련된 기능으로 맛을 내야 하므로 조리 작업 시 음식의 맛을 보지 않는다.
3. 채점대상에서 제외되는 경우
   - 본인이 시험 도중 포기하는 경우
   - 위생복, 위생모, 앞치마, 마스크를 착용하지 않은 경우
   - 시험시간 내에 과제 두 가지를 제출하지 못한 경우
   - 문제의 요구사항대로 과제의 수량이 만들어지지 않은 경우
   - 구이를 조림 등으로 조리하여 완성품을 요구사항과 다르게 만든 경우
   - 불을 사용하여 만든 조리작품이 작품특성에 벗어나는 정도로 타거나 익지 않은 경우
   - 지급재료 이외 재료를 사용하거나 석쇠 등 요구사항의 조리기구를 사용하지 않은 경우
   - 지정된 수험자 지참준비물 이외의 조리기구를 조리에 사용한 경우
   - 화구를 2개 이상(2개 포함) 사용한 경우
   - 시험 중 시설 · 장비(칼, 가스레인지 등) 사용 시 시험위원 및 타 수험자의 시험 진행에 위해를 일으킬 것으로 시험위원 전원이 합의하여 판단한 경우
   - 요구사항에 표시된 실격 및 부정행위에 해당하는 경우

| 재료 및 분량 청포묵 150g, 숙주 20g, 미나리 10g, 소고기 20g, 달걀 1개, 김 1/4장, 마늘 2쪽, 대파 흰 부분 1토막
검은후춧가루 1g, 참기름 5mL, 흰설탕 5g, 깨소금 5g, 식초 5mL, 소금 5g, 진간장 20mL, 식용유 10mL

초간장 : 진간장 1큰술, 흰설탕 1/2큰술, 식초 1/2큰술
고명 : 황 · 백지단, 김

| 만드는 법

1 청포묵은 6cm×0.4cm×0.4cm 크기로 썰어서 끓는 물에 데친 다음 찬물에 헹구어 참기름, 소금으로 버무린다.

2 숙주는 머리와 꼬리를 손질하여 끓는 물에 데친다.

3 미나리는 다듬어서 끓는 물에 데친 다음 찬물에 헹구어 4cm 길이로 자른다.

4 소고기는 5cm×0.3cm×0.3cm 크기로 채 썰어 양념하여 볶는다.

5 달걀은 황 · 백지단을 부쳐서 4cm×0.1cm×0.1cm 크기로 채 썬다.

6 김은 약한 불에 구워서 부순다.

7 초간장을 만든다.

8 준비한 재료를 모두 합하여 초간장을 넣고 살살 버무려 담는다.

9 황 · 백지단과 김을 고명으로 얹는다.

조리작업 순서

청포묵 썰기 ➡ 숙주 손질 ➡ 미나리 손질 ➡ 데치기(청포묵, 숙주, 미나리) ➡ 청포묵 양념하기 ➡ 소고기 채 썰어 양념 후 볶기 ➡ 황 · 백지단 채 썰기 ➡ 김 구워 부수기 ➡ 초간장 만들어 버무리기 ➡ 담기 ➡ 고명 얹기

TIP

◈ 청포묵을 데칠 때는 채 썬 청포묵의 가장자리가 투명해지기 시작하면 건져내어 부서지지 않도록 조심스럽게 찬물에 헹군다.

잡채

시험시간 35분

요구사항	실기시험 유의사항

요구사항

주어진 재료를 사용하여 다음과 같이 〔잡채〕를 만드시오.

1. 소고기, 양파, 오이, 당근, 도라지, 표고버섯은 0.3cm×0.3cm ×6cm 썰어 사용하시오.
2. 숙주는 데치고 목이버섯은 찢어서 사용하시오.
3. 당면은 삶아서 유장처리하여 볶으시오.
4. 황 · 백지단은 0.2cm×0.2cm×4cm로 썰어 고명으로 얹으시오.

실기시험 유의사항

- 주어진 재료는 굵기와 길이가 일정하게 한다.
- 당면은 알맞게 삶아서 간한다.
- 모든 재료는 양과 색깔의 배합에 유의한다.

1. 조리작품 만드는 순서는 틀리지 않게 하여야 한다.
2. 숙련된 기능으로 맛을 내야 하므로 조리 작업 시 음식의 맛을 보지 않는다.
3. 채점대상에서 제외되는 경우
   - 본인이 시험 도중 포기하는 경우
   - 위생복, 위생모, 앞치마, 마스크를 착용하지 않은 경우
   - 시험시간 내에 과제 두 가지를 제출하지 못한 경우
   - 문제의 요구사항대로 과제의 수량이 만들어지지 않은 경우
   - 구이를 조림 등으로 조리하여 완성품을 요구사항과 다르게 만든 경우
   - 불을 사용하여 만든 조리작품이 작품특성에 벗어나는 정도로 타거나 익지 않은 경우
   - 지급재료 이외 재료를 사용하거나 석쇠 등 요구사항의 조리기구를 사용하지 않은 경우
   - 지정된 수험자 지참준비물 이외의 조리기구를 조리에 사용한 경우
   - 화구를 2개 이상(2개 포함) 사용한 경우
   - 시험 중 시설 · 장비(칼, 가스레인지 등) 사용 시 시험위원 및 타 수험자의 시험 진행에 위해를 일으킬 것으로 시험위원 전원이 합의하여 판단한 경우
   - 요구사항에 표시된 실격 및 부정행위에 해당하는 경우

| 재료 및 분량 당면 20g, 소고기 30g, 건표고버섯 1개, 목이버섯 2개, 양파 1/3개, 오이 1/3개, 당근 50g, 숙주 20g, 통도라지 1개, 달걀 1개, 대파 흰 부분 1토막, 마늘 2쪽

진간장 20mL, 깨소금 5g, 검은후춧가루 1g, 참기름 5mL, 소금 15g, 흰설탕 20g, 식용유 50mL

–

소고기, 표고 양념 : 진간장 1작은술, 흰설탕 1/2작은술, 대파 1/2작은술, 마늘 1/4작은술, 깨소금, 참기름 1/2작은술, 검은후춧가루

당면 양념 : 진간장 1작은술, 흰설탕 1/2작은술, 참기름 1/2작은술

고명 : 황 · 백지단

| 만드는 법

1

2

3

4

5

1 오이는 돌려 깎아 6cm×0.3cm×0.3cm 크기로 채 썰어 소금에 살짝 절여 물기를 짠다.
2 도라지는 6cm 길이로 채 썰어 소금에 절여서 쓴맛을 뺀 후 물기를 꼭 짠다.
3 양파, 당근도 6cm×0.3cm×0.3cm 크기로 채 썬다.
4 숙주는 머리와 꼬리를 손질하여 끓는 물에 데쳐서 소금과 참기름으로 양념한다.
5 소고기와 불린 표고버섯은 6cm×0.3cm×0.3cm 크기로 채 썰어 간장 양념한다.
6 불린 목이버섯은 찢어놓는다.
7 달걀은 황 · 백지단을 부쳐 4cm×0.2cm×0.2cm 크기로 채 썬다.
8 팬을 달구어 오이–도라지–양파–당근–목이–표고–소고기 순으로 볶는다.
9 끓는 물에 당면을 삶아 적당한 길이로 자른 뒤 양념하여 볶는다.
10 당면과 볶은 채소를 넣고 양념하여 버무린다.
11 접시에 담고 황 · 백지단을 고명으로 얹는다.

조리작업 순서

채소 썰기(오이, 도라지, 양파, 당근) ➡ 숙주 손질하여 양념하기 ➡ 소고기, 표고버섯 채 썰어 양념하기 ➡ 목이 찢기 ➡ 황 · 백지단 부쳐서 채 썰기 ➡ 채소, 버섯, 소고기 볶기 ➡ 당면 삶기, 볶기 ➡ 버무리기 ➡ 담기 ➡ 고명 얹기

TIP

◈ 채소를 볶을 때에는 각각 소금으로 밑간을 한다.

◈ 채소는 센 불에 빨리 볶아야 물이 생기지 않는다.

◈ 모든 채소는 따로따로 볶아 식으면 볶은 당면과 함께 간을 하여 버무린다.

칠절판

시험시간 40분

요구사항	실기시험 유의사항

요구사항

주어진 재료를 사용하여 다음과 같이 〔칠절판〕을 만드시오.

1. 밀전병은 지름이 8cm가 되도록 6개를 만드시오.
2. 채소와 황 · 백지단, 소고기는 0.2cm×0.2cm×5cm로 써시오.
3. 석이버섯은 곱게 채를 써시오.

실기시험 유의사항

- 밀전병의 반죽 상태에 유의한다.
- 완성된 채소 색깔에 유의한다.

1. 조리작품 만드는 순서는 틀리지 않게 하여야 한다.
2. 숙련된 기능으로 맛을 내야 하므로 조리 작업 시 음식의 맛을 보지 않는다.
3. 채점대상에서 제외되는 경우
   - 본인이 시험 도중 포기하는 경우
   - 위생복, 위생모, 앞치마, 마스크를 착용하지 않은 경우
   - 시험시간 내에 과제 두 가지를 제출하지 못한 경우
   - 문제의 요구사항대로 과제의 수량이 만들어지지 않은 경우
   - 구이를 조림 등으로 조리하여 완성품을 요구사항과 다르게 만든 경우
   - 불을 사용하여 만든 조리작품이 작품특성에 벗어나는 정도로 타거나 익지 않은 경우
   - 지급재료 이외 재료를 사용하거나 석쇠 등 요구사항의 조리기구를 사용하지 않은 경우
   - 지정된 수험자 지참준비물 이외의 조리기구를 조리에 사용한 경우
   - 화구를 2개 이상(2개 포함) 사용한 경우
   - 시험 중 시설 · 장비(칼, 가스레인지 등) 사용 시 시험위원 및 타 수험자의 시험 진행에 위해를 일으킬 것으로 시험위원 전원이 합의하여 판단한 경우
   - 요구사항에 표시된 실격 및 부정행위에 해당하는 경우

| 재료 및 분량 밀가루 50g, 소고기 50g, 석이버섯 5g, 오이 1/2개, 당근 50g, 달걀 1개, 마늘 2쪽, 대파 흰 부분 1토막
검은후춧가루 1g, 참기름 10mL, 깨소금 5g, 흰설탕 10g, 소금 10g, 진간장 20mL, 식용유 30mL

–

밀전병 반죽 : 밀가루 5큰술, 물 6큰술, 소금 1/3작은술
소고기 양념 : 진간장 1작은술, 흰설탕 1/2작은술, 대파 1/2작은술, 마늘 1/4작은술, 참기름 1/4작은술, 검은후춧가루

| 만드는 법

1 밀가루에 물과 소금을 넣어 멍울이 없게 풀어서 체에 한 번 걸러둔다.
2 오이는 5cm 길이로 돌려 깎아 0.2cm 두께로 채 썰어 소금에 살짝 절인다.
3 당근도 오이와 같은 크기로 채 썬다.
4 석이버섯은 불려서 이끼와 돌을 따낸 다음, 채 썰어 참기름, 소금으로 간한다.
5 소고기는 6cm×0.2cm×0.2cm 크기로 채 썰어 양념한다.
6 달걀은 황 · 백지단을 부쳐서 5cm×0.2cm×0.2cm 크기로 채 썬다.
7 팬에 기름을 조금 두르고 밀전병 반죽을 떠 놓아 지름 8cm로 얇게 부친다.
8 각 재료를 각각 볶아서(오이 – 당근 – 석이 – 소고기 순서) 펼쳐 식힌다.
9 접시 중앙에 밀전병을 놓고 6가지 재료를 색스럽게 돌려 담는다.

1

2

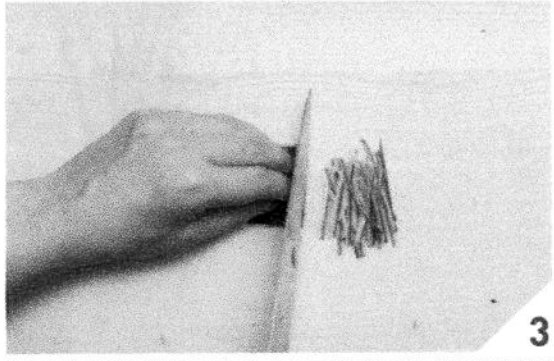
3

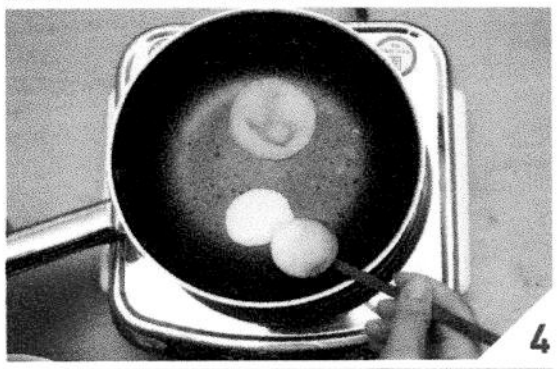
4

5

조리작업 순서

석이버섯 불리기 ➡ 밀전병 반죽하기 ➡ 채소 채 썰기(오이, 당근, 석이버섯) ➡ 소고기 채 썰기, 양념 ➡ 황 · 백지단 부치기, 썰기 ➡ 밀전병 부치기 ➡ 재료 볶기 ➡ 담기

TIP

- 밀전병 반죽은 밀가루와 물을 1 : 1.2 비율로 하면 적당하다.
- 밀전병 반죽은 1/2큰술 정도가 1개 분량이다.
- 모든 재료는 가능한 한 곱게 채 썰어야 예쁘게 담을 수 있다.
- 재료의 색상이 선명하게 살아야 하므로 단시간에 볶아 펼쳐둔다.

오징어볶음

시험시간
30분

요구사항	실기시험 유의사항

요구사항

주어진 재료를 사용하여 다음과 같이 〔오징어볶음〕을 만드시오.

1. 오징어는 0.3cm 폭으로 어슷하게 칼집을 넣고, 크기는 4cm ×1.5cm로 써시오.
   (단, 오징어 다리는 4cm 길이로 자른다.)
2. 고추, 파는 어슷썰기, 양파는 폭 1cm로 써시오.

실기시험 유의사항

- 오징어 손질 시 먹물이 터지지 않도록 유의한다.
- 완성품 양념상태는 고춧가루 색이 배도록 한다.

1. 조리작품 만드는 순서는 틀리지 않게 하여야 한다.
2. 숙련된 기능으로 맛을 내야 하므로 조리 작업 시 음식의 맛을 보지 않는다.
3. 채점대상에서 제외되는 경우
   - 본인이 시험 도중 포기하는 경우
   - 위생복, 위생모, 앞치마, 마스크를 착용하지 않은 경우
   - 시험시간 내에 과제 두 가지를 제출하지 못한 경우
   - 문제의 요구사항대로 과제의 수량이 만들어지지 않은 경우
   - 구이를 조림 등으로 조리하여 완성품을 요구사항과 다르게 만든 경우
   - 불을 사용하여 만든 조리작품이 작품특성에 벗어나는 정도로 타거나 익지 않은 경우
   - 지급재료 이외 재료를 사용하거나 석쇠 등 요구사항의 조리기구를 사용하지 않은 경우
   - 지정된 수험자 지참준비물 이외의 조리기구를 조리에 사용한 경우
   - 화구를 2개 이상(2개 포함) 사용한 경우
   - 시험 중 시설 · 장비(칼, 가스레인지 등) 사용 시 시험위원 및 타 수험자의 시험 진행에 위해를 일으킬 것으로 시험위원 전원이 합의하여 판단한 경우
   - 요구사항에 표시된 실격 및 부정행위에 해당하는 경우

| 재료 및 분량 물오징어 1마리, 양파 1/3개, 풋고추 1개, 홍고추 1개, 생강 5g, 마늘 2쪽, 대파 흰 부분 1토막
검은후춧가루 2g, 고추장 50g, 고춧가루 15g, 흰설탕 20g, 소금 5g, 진간장 10mL, 참기름 10mL, 깨소금 5g, 식용유 30mL

–

양념장 : 고추장 1큰술, 고춧가루 1/2큰술, 진간장 1작은술, 흰설탕 1/2큰술, 마늘 2작은술, 생강 1/2작은술, 검은후춧가루

마무리 : 참기름 1작은술, 깨소금 1작은술

| 만드는 법

1 오징어는 손질하여 대각선 방향으로 0.3cm 간격의 칼집을 넣어 4cm×1.5cm 크기로 썬다. 오징어 다리는 4cm 길이로 자른다.

2 양파는 1cm 폭으로 썬다.

3 대파는 0.7cm 두께로 어슷 썰고, 풋고추, 홍고추도 0.7cm 두께로 어슷 썰어 씨를 제거한다.

4 마늘, 생강을 다져 양념장을 준비한다.

5 팬에 기름을 두르고 양파를 볶다가 오징어를 볶는다.

6 오징어가 익으면 양념장과 풋고추, 홍고추를 볶다가 대파를 넣는다.

7 참기름과 깨소금을 넣고 버무려 마무리한다.

1

2

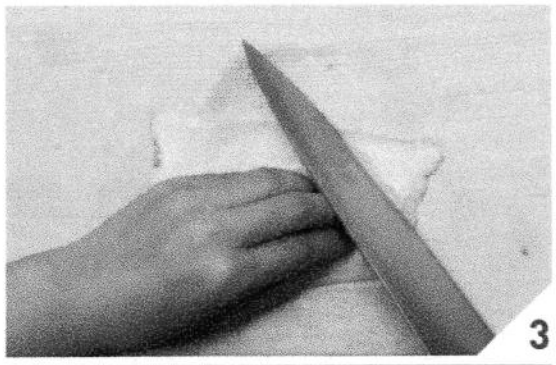
3

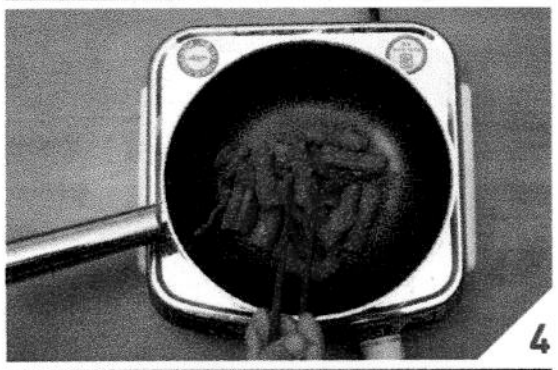
4

5

조리작업 순서

오징어 손질 ➡ 오징어 칼집 넣기 ➡ 양파 썰기 ➡ 대파, 고추 어슷썰기 ➡ 양념장 만들기 ➡ 볶기(양파 – 오징어 – 양념장 넣기 – 풋고추, 홍고추 – 대파) ➡ 참기름, 깨소금 넣기 ➡ 담기

TIP

- 오징어 껍질은 위에서 아래로 벗겨야 잘 벗겨진다.
- 오징어 칼집은 오징어의 안쪽(내장이 있는 면)에 넣어야 하고, 칼은 뉘어서 어슷하게 넣어야 절단면이 넓어서 익은 후 말아진 모양이 예쁘다.
- 양념을 넣기 전에는 센 불에 볶아서 수분이 나오지 않게 해야 하고, 양념장을 넣은 후에는 불을 줄여야 양념이 잘 배고 눌어붙지 않는다.

재료썰기

시험시간
25분

요구사항	실기시험 유의사항

주어진 재료를 사용하여 다음과 같이 〔재료 썰기〕를 하시오.

1. 무, 오이, 당근, 달걀지단을 썰기 하여 전량 제출하시오.
   (단, 재료별 써는 방법이 틀렸을 경우 실격 처리됩니다.)
2. 무는 채썰기, 오이는 돌려깎기 하여 채썰기, 당근은 골패썰기를 하시오.
3. 달걀은 흰자와 노른자를 분리하여 알끈과 거품을 제거하고 지단을 부쳐 완자(마름모꼴) 모양으로 각 10개를 썰고, 나머지는 채썰기를 하시오.
4. 재료 썰기의 크기는 다음과 같이 하시오.
   1) 채썰기 – 0.2cm×0.2cm×5cm
   2) 골패썰기 – 0.2cm×1.5cm×5cm
   3) 마름모형 썰기 – 한 면의 길이가 1.5cm

- 재료는 길이와 굵기를 일정하게 썬다.
- 달걀지단은 약한 불에서 완전히 익혀 식은 후 썬다.

1. 조리작품 만드는 순서는 틀리지 않게 하여야 한다.
2. 숙련된 기능으로 맛을 내야 하므로 조리 작업 시 음식의 맛을 보지 않는다.
3. 채점대상에서 제외되는 경우
   – 본인이 시험 도중 포기하는 경우
   – 위생복, 위생모, 앞치마, 마스크를 착용하지 않은 경우
   – 시험시간 내에 과제 두 가지를 제출하지 못한 경우
   – 문제의 요구사항대로 과제의 수량이 만들어지지 않은 경우
   – 구이를 조림 등으로 조리하여 완성품을 요구사항과 다르게 만든 경우
   – 불을 사용하여 만든 조리작품이 작품특성에 벗어나는 정도로 타거나 익지 않은 경우
   – 지급재료 이외 재료를 사용하거나 석쇠 등 요구사항의 조리기구를 사용하지 않은 경우
   – 지정된 수험자 지참준비물 이외의 조리기구를 조리에 사용한 경우
   – 화구를 2개 이상(2개 포함) 사용한 경우
   – 시험 중 시설 · 장비(칼, 가스레인지 등) 사용 시 시험위원 및 타 수험자의 시험 진행에 위해를 일으킬 것으로 시험위원 전원이 합의하여 판단한 경우
   – 요구사항에 표시된 실격 및 부정행위에 해당하는 경우

| 재료 및 분량 무 100g, 오이(길이 25cm) 1/2개, 당근(길이 6cm) 1토막, 달걀 3개
소금 10g, 식용유 20mL

1

2

3

4

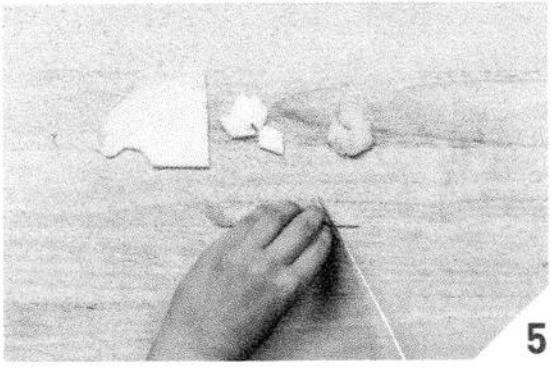
5

| 만드는 법

1. 무는 씻어 5cm 길이로 잘라 껍질을 벗기고 0.2cm 두께로 썬 다음 채 썬다.
2. 오이는 소금으로 문질러 씻은 후 5cm 길이로 잘라 껍질을 벗기듯이 돌려 깎아 채 썬다.
3. 당근은 씻어 5cm×1.5cm로 잘라 0.2cm 두께로 썬다.
4. 달걀은 흰자와 노른자로 분리하여 각각 소금을 약간 넣어 잘 풀어준다. (흰자는 알끈과 거품을 제거한다.)
5. 팬을 달군 후 약한 불에서 황 · 백지단을 부친다.
6. 황 · 백지단이 식으면 1.5cm 길이로 잘라 마름모형으로 썰고, 나머지는 5cm 길이로 잘라 0.2cm 두께로 채 썬다.
7. 그릇에 종류별로 가지런히 담아낸다.

조리작업 순서

재료 씻기 ➡ 무 채 썰기 ➡ 오이 돌려 깎아 채 썰기 ➡ 당근 골패썰기 ➡ 황 · 백지단 부치기 ➡ 황 · 백지단 썰기 ➡ 담기

TIP

- 지단을 부칠 때는 팬을 먼저 달군 후 기름을 두르고 여분의 기름을 닦아낸 후 불을 줄여 사용한다.
- 팬에 달걀물을 평평하게 부어 익히고 젓가락 또는 꼬치를 이용하여 뒤집어 양면을 익힌다.

PART 2

3. 한식조리산업기사 예상문제

Korean-style food

과제

- **1형** : 비빔국수, 두부전골, 오이선, 어채
- **2형** : 칼국수, 구절판, 사슬적, 도라지정과
- **3형** : 편수, 오이/고추소박이, 돼지갈비찜, 율란/조란
- **4형** : 만둣국, 밀쌈, 두부선, 3가지 나물(호박, 도라지, 시금치)
- **5형** : 규아상, 닭찜, 월과채, 모둠전(표고, 깻잎, 애호박)
- **6형** : 어만두, 소고기편채, 오징어볶음, 튀김(고구마, 새우)
- **7형** : 어선, 소고기전골, 보쌈김치, 섭산삼
- **8형** : 오징어순대, 우엉잡채, 제육구이, 매작과

시험 시간

2시간

실기 시험 유의 사항

1. 수험자는 지참 준비물에 공지된 위생복장(위생복, 위생모, 앞치마, 마스크)을 착용하여야 한다.
2. 수험자는 지급된 재료와 지정된 지참공구 목록 및 시설을 안전하게 사용하여야 하며 가스레인지 화구는 2개까지 사용할 수 있다.
3. 시험재료는 1회에 한하여 지급되며 재지급하지 않으므로 수험자는 시험 시작 전 지급된 재료를 확인하여 재료가 불량하거나 양이 부족할 경우 교환 또는 추가지급을 받도록 한다.
4. 완성한 작품은 지정한 장소에 시험시간 내에 제출한 후 사용한 조리시설과 기구를 깨끗하게 청소한 다음 퇴실한다.
5. 채점대상에서 제외되는 경우
   - 본인이 시험 도중 포기하는 경우
   - 위생복, 위생모, 앞치마, 마스크를 착용하지 않은 경우
   - 시험시간내에 과제를 모두 제출하지 못한 경우
   - 요구사항대로 과제의 수량이 만들어지지 않은 경우
   - 완성품을 요구사항과 다르게 만들거나 요구사항에 없는 과제를 추가하여 만든 경우
   - 불을 사용하여 만든 조리작품이 작품특성에 벗어나는 정도로 타거나 익지 않은 경우
   - 요구사항의 조리기구를 사용하지 않았거나 수험자 지참준비물 이외 조리기술에 영향을 줄 수 있는 기구를 사용한 경우
   - 시험 중 시설, 장비 사용 시 시험 진행에 위해를 일으킬 경우
   - 요구사항에 표시된 실격 및 부정행위에 해당하는 경우

1형

비빔국수

두부전골

오이선

어채

| 총 지급재료

• 소면	70g	• 전분(감자전분)	60g
• 소고기(우둔, 살코기)	70g	• 청주	20mL
• 소고기(사태)	20g	• 실고추	1g
• 건표고버섯(불린 것)	4개	• 대파(흰부분 4cm 정도)	1토막
• 석이버섯	1g	• 마늘	3쪽
• 오이	1.5개	• 생강	20g
• 달걀	4개	• 국간장	10mL
• 두부	200g	• 진간장	20mL
• 무(길이로 5cm 이상)	60g	• 흰설탕	20g
• 당근	60g	• 소금	40g
• 실파	40g	• 깨소금	10g
• 숙주(생것)	50g	• 참기름	10mL
• 양파	1/4개	• 고추장	10g
• 미나리	40g	• 식초	20mL
• 대구살	200g	• 검은후춧가루	3g
• 홍고추	2개	• 흰후춧가루	1g
• 밀가루(중력분)	20g	• 식용유	60mL

| 과제별 지급재료

1. 비빔국수	2. 두부전골	3. 오이선	4. 어채
소면	두부	오이	흰살생선
소고기	소고기(살코기)	건표고버섯	오이
건표고버섯	소고기(사태)	소고기	홍고추
석이버섯	무	달걀	건표고버섯
오이	당근	식용유	달걀
달걀	실파	소금	전분
실고추	숙주	흰설탕	생강
진간장	건표고버섯	식초	소금
대파	달걀	대파	흰후춧가루
마늘	양파	마늘	청주
소금	미나리	진간장	고추장
깨소금	밀가루	검은후춧가루	식초
참기름	전분	참기름	흰설탕
검은후춧가루	마늘	깨소금	식용유
흰설탕	대파		
식용유	진간장		
	국간장		
	소금		
	참기름		
	식용유		
	검은후춧가루		

비빔국수

요구사항	재료 및 분량
주어진 재료를 사용하여 다음과 같이 〔비빔국수〕를 만드시오. 1 소고기, 표고버섯, 오이는 0.3cm x 0.3cm x 5cm로 썰어 양념하여 볶으시오. 2 삶은 국수는 유장처리하고, 황 · 백지단은 0.2cm x 0.2cm x 5cm로 써시오. 3 채 썬 석이버섯, 황 · 백지단, 실고추를 고명으로 사용하시오.	소면 70g, 소고기 30g, 건표고버섯(불린 것) 1개, 석이버섯 1g, 오이 1/2개, 달걀 1개, 실고추, 대파, 마늘 진간장, 소금, 흰설탕, 깨소금, 참기름, 검은후춧가루, 식용유 – **소고기, 건표고버섯 양념** : 진간장 1작은술, 흰설탕 1/2작은술, 다진 대파, 다진 마늘, 참기름, 검은 후춧가루 **국수 밑간하기** : 진간장 1작은술, 흰설탕 1/2작은술, 참기름 1작은술 **고명** : 황 · 백지단, 석이버섯, 실고추

만드는 법

1 오이는 소금으로 문질러 씻는다. 오이는 0.3cm×0.3cm×5cm 크기로 돌려 깎아 채썰기한 후 소금에 절여서 물기를 짠다.

2 소고기, 표고버섯은 0.3cm×0.3cm×5cm 크기로 채 썰어 양념한다.

3 석이버섯은 따뜻한 물에 불려 이끼를 제거하고, 채 썰어 소금과 참기름으로 무친다.

4 실고추는 2cm 길이로 준비한다.

5 달걀은 황 · 백지단을 부쳐 0.2cm×0.2cm×5cm 크기로 채 썬다.

6 팬을 달구어 오이, 석이버섯, 표고버섯, 소고기 순서로 각각 볶아낸다.

7 국수를 삶아서 찬물에 헹구어 물기를 뺀다. 삶은 국수는 참기름, 진간장, 흰설탕으로 밑간한 후 오이, 소고기, 표고버섯을 넣어 비빈다.

8 비빈 국수를 그릇에 담고 황 · 백지단, 석이버섯채, 실고추를 고명으로 얹는다.

1

2

3

4

조리작업 순서

표고, 석이버섯 불리기 ➡ 오이 채 썰기 ➡ 소고기, 표고버섯 채 썰어 양념하기 ➡ 고명 준비(석이채, 실고추, 황 · 백지단채) ➡ 볶기(오이, 석이, 표고, 소고기) ➡ 국수 삶기, 밑간하기, 비비기 ➡ 고명 얹기

TIP

◈ 국수는 삶아 밑간을 해두어야 붇지 않는다.

두부전골

요구사항	재료 및 분량

주어진 재료를 사용하여 다음과 같이 〔두부전골〕을 만드시오.

1. 두부의 크기는 3cm×2.5cm×0.5cm 정도로 하고 지진 두부와 두부 사이에 고기를 넣어 미나리로 묶어 7개 만드시오.
2. 완자는 지름 1.5cm 정도로 5개 만들어 지져 사용하시오.
3. 달걀은 황 · 백지단을 부쳐 사용하고, 채소는 5cm 길이로 썰어 사용하시오.
4. 재료를 색 맞추어 돌려 담고 육수를 부어 끓여내시오.

두부 200g, 소고기(살코기) 30g, 소고기(사태) 20g, 무 60g, 당근 60g, 실파 40g, 숙주 50g, 건표고버섯(불린 것) 1개, 달걀 1개, 양파 1/4개, 미나리 40g, 밀가루 20g, 전분 10g, 대파, 마늘
국간장 10mL, 진간장. 소금, 참기름, 검은후춧가루, 식용유

–

육수 끓이기 : 소고기(사태), 물 4컵, 대파, 마늘
육수 간하기 : 육수 3컵, 진간장 1/2작은술, 소금 1작은술
완자 양념 : 소금 1작은술, 다진 대파 2작은술, 다진 마늘 1작은술, 참기름 1작은술, 깨소금, 검은후춧가루
숙주 양념 : 소금 1/2작은술, 참기름 1/2작은술

만드는 법

1 소고기(사태)는 찬물(4컵)에 대파, 마늘을 넣어 육수를 끓이고, 살코기는 곱게 다진다.

2 두부(40g)는 물기를 짜고 곱게 으깬 후, 다진 소고기와 함께 양념하여 치댄다.

3 표고버섯, 무, 당근은 5cm×1.2cm×0.5cm 크기로 썰고, 양파와 실파는 5cm로 썬다.

4 무와 당근, 미나리 줄기를 끓는 물에 살짝 데친다. 숙주는 거두절미하고 데쳐서 소금, 참기름으로 양념한다.

5 두부(160g)는 3cm×2.5cm×0.5cm 크기로 14조각을 썬다. 두부에 소금을 뿌린 후 물기를 닦고 전분을 묻혀 기름에 노릇하게 지진다.

6 지진 두부 두쪽 사이에 양념하여 치댄 소고기(절반)를 넣고 평평하게 만든다. 이것을 미나리로 돌려 감아 두부묶음을 7개 만든다.

7 달걀은 황 · 백으로 나누어 각각 1/2분량만 지단을 부쳐 5cm×1.2cm×0.5cm 크기로 썬다.

8 양념하여 치댄 소고기(절반)은 지름 1.5cm의 완자 5개를 빚는다. 완자에 밀가루, 달걀을 씌워 팬에 굴려가며 지진 후 기름기를 뺀다.

9 육수는 면포에 걸러서 소금과 국간장으로 간한다.

10 냄비에 준비한 재료를 색 맞춰 돌려 담는다. 두부묶음과 완자를 중앙에 놓은 후 육수를 부어 끓여낸다.

1

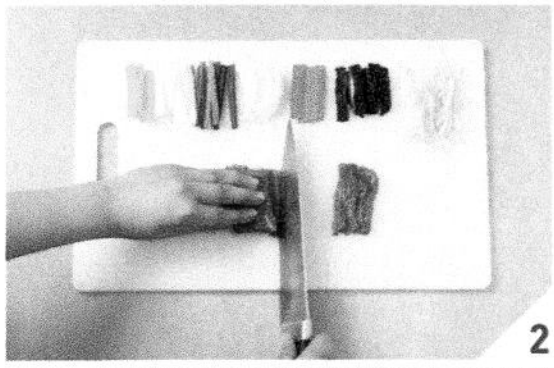
2

3

4

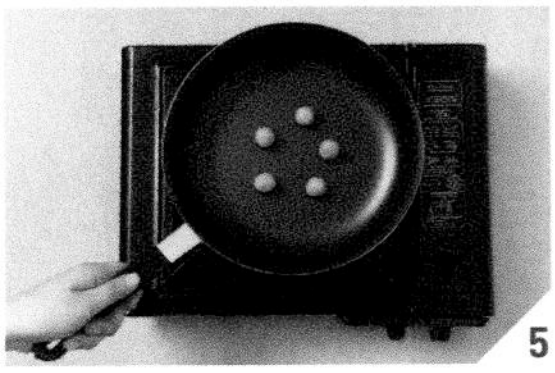
5

조리작업 순서

육수 끓이기 ➡ 소고기 다지기 ➡ 두부(40g) 으깨기 ➡ 채소, 두부(60g)썰기 ➡ 채소 데치기(무, 당근, 미나리, 숙주) ➡ 두부 지지기 ➡ 두부묶음 만들기 ➡ 황 · 백지단 부치기 ➡ 완자 빚기 ➡ 완자 익히기 ➡ 전골 끓이기

TIP

- 두부는 지지기 직전에 전분을 묻혀야 부서지지 않고 노릇하게 지질 수 있다.
- 다진 소고기와 으깬 두부를 잘 치대야 완자를 익힐 때 갈라지지 않는다.
- 냄비에 부재료의 색이 조화롭고 균일하게 돌려 담는다.

오이선

요구사항	재료 및 분량
주어진 재료를 사용하여 다음과 같이 〔오이선〕을 만드시오. 1 오이를 길이로 1/2등분한 후, 4cm 간격으로 어슷하게 썰어 4개를 만드시오.(반원모양) 2 일정한 간격으로 3군데 칼집을 넣고 부재료를 일정량씩 색을 맞춰 끼우시오.(단, 달걀은 황 · 백으로 분리하여 사용하시오.) 3 단촛물을 오이선에 끼얹어 내시오.	오이 1/2개, 건표고버섯(불린 것) 1개, 소고기 10g, 달걀 1개, 대파, 마늘 진간장, 소금, 흰설탕, 식초, 깨소금, 참기름, 검은후춧가루, 식용유 **소금물** : 물 1컵, 소금 2큰술 **소고기, 표고버섯 양념** : 진간장 1작은술, 흰설탕 1/2작은술, 다진 대파, 다진 마늘, 참기름, 깨소금, 검은후춧가루 **단촛물** : 흰설탕 1큰술, 식초 1큰술, 물 1큰술, 소금 1작은술

만드는 법

1 오이를 소금으로 문질러 씻는다. 오이를 길이로 2등분 한 후 4cm 간격으로 어슷썰어 4조각을 만든다

2 오이의 껍질 쪽에 오이의 모양대로 어슷하게 3군데에 칼집을 넣는다.

3 오이를 소금물에 절인다.

4 소고기와 불린 표고는 3cm×0.1cm×0.1cm 크기로 썰어 양념한다.

5 달걀은 황 · 백지단을 부쳐 3cm×0.1cm×0.1cm 크기로 채 썬다.

6 오이는 면포에 싸서 물기를 제거하여 파랗게 볶아 식힌다.

7 소고기와 불린 표고버섯도 각각 볶아 식힌다.

8 오이의 칼집 사이에 소고기 · 표고버섯을 섞은 것과 황 · 백지단채를 각각 보기 좋게 끼워 넣는다.

9 단촛물을 만들어 상에 내기 직전 오이 위에 끼얹는다.

1

2

3

4

5

조리작업 순서

표고버섯 불리기 ➡ 오이 손질 ➡ 오이 절이기 ➡ 소고기, 표고버섯 채 썰어 양념하기 ➡ 황 · 백지단 ➡ 오이 볶기 ➡ 소고기, 표고버섯 볶기 ➡ 오이선 만들기 ➡ 단촛물 끼얹기

TIP

- 표고버섯이 두꺼울 경우 포를 떠서 채 썬다.
- 오이선은 차갑게 한 후 내는 것이 맛있다.
- 오이선을 만든 후 소의 길이를 정리해 주면 보기에 깔끔하다.

어채

요구사항	재료 및 분량
주어진 재료를 사용하여 다음과 같이 〔어채〕를 만드시오. 1 생선살은 3cm×4cm 정도의 크기로 썰어 6개 만드시오. 2 오이 껍질부분, 황 · 백지단, 홍고추는 2cm×4cm 크기로 각 3개씩 썰고, 표고버섯도 같은 크기로 써시오. 3 초고추장을 곁들여 내시오.	흰살생선(대구살) 200g, 오이 1/2개, 홍고추 2개, 건표고버섯(불린 것) 1개, 달걀 1개, 전분 50g, 생강 20g 고추장 10g, 청주 20mL, 흰후춧가루, 소금, 식초, 흰설탕, 식용유 – **생선살 양념:** 소금, 흰후춧가루 **초고추장** : 고추장 1큰술, 식초 1큰술, 흰설탕 2작은술, 생강즙 1/4작은술

만드는 법

1 대구살을 약 0.7cm 정도로 도톰하게 포를 뜬다. 포뜬 대구살은 3cm×4cm 크기로 6조각으로 썰어 소금과 흰후춧가루를 뿌린다.

2 표고버섯은 따뜻한 물에 불린다.

3 홍고추, 오이, 표고버섯은 손질하여 2cm×4cm로 3개씩 썬다.

4 달걀은 황·백지단을 도톰하게 부쳐 홍고추와 같은 크기로 3개씩 썬다.

5 대구살, 표고버섯, 오이, 홍고추에 전분을 묻혀 전분이 수분을 흡수하도록 둔다.

6 끓는 물에 대구살을 익히다가 대구살이 떠오르면 건져 찬물에 헹구어 식힌다. 홍고추, 오이, 표고버섯도 같은 방법으로 끓는 물에 살짝 데친 후 찬물에 헹군다.

7 접시에 어채와 고명을 돌려 담는다.

8 초고추장을 곁들인다.

1

2

3

4

5

조리작업 순서

물 끓이기 ➡ 대구살 포 뜨기 ➡ 표고버섯 불리기 ➡ 채소 썰기(홍고추, 오이, 표고) ➡ 지단 부치기, 썰기 ➡ 녹말 묻히기 ➡ 끓는 물에 살짝 데쳐내기 ➡ 찬물에 담그기 ➡ 담기 ➡ 초고추장 만들기

TIP

- 어채는 흰살 생선인 민어, 대구, 광어, 도미 등의 횟감을 끓는 물에 살짝 익힌 숙회이다.
- 전분이 충분히 스며든 다음 데쳐야 고르게 잘 익는다.

칼국수

구절판

사슬적

도라지정과

총 지급재료

밀가루(중력분)	160g	대파(흰부분 4cm 정도)	1토막
멸치(장국용, 대)	20g	마늘	2쪽
애호박	1/3개	생강	20g
건표고버섯(불린 것)	3개	국간장	10mL
소고기(우둔, 길이 6cm)	130g	진간장	30mL
오이	1/2개	흰설탕	80g
당근(길이 7cm 정도)	60g	소금	30g
달걀	2개	깨소금	10g
석이버섯	5g	참기름	20mL
숙주(생것)	60g	검은후춧가루	2g
대구살(껍질 있는 채로 3장 뜨기한 것)	200g	흰후춧가루	1g
두부	40g	식용유	50mL
통도라지(껍질 있는 것)	100g		
잣	10g		
산적꼬치(10cm 이상)	4개		
실고추	1g		
물엿	60g		

과제별 지급재료

1. 칼국수	2. 구절판	3. 사슬적	4. 도라지정과
밀가루	소고기	대구살	통도라지
멸치	오이	소고기	소금
애호박	당근	두부	흰설탕
건표고버섯	달걀	밀가루	물엿
실고추	석이버섯	잣	
대파	건표고버섯	흰설탕	
마늘	숙주	대파	
식용유	밀가루	마늘	
소금	잣	산적꼬치	
국간장	진간장	생강	
참기름	대파	진간장	
흰설탕	마늘	소금	
	검은후춧가루	흰후춧가루	
	참기름	깨소금	
	흰설탕	참기름	
	깨소금	식용유	
	식용유		
	소금		

칼국수

요구사항	재료 및 분량

주어진 재료를 사용하여 다음과 같이 〔칼국수〕를 만드시오.

1. 국수의 굵기는 두께가 0.2cm, 폭은 0.3cm가 되도록 하시오.
2. 멸치는 육수용으로 사용하시오.
3. 애호박은 돌려 깎아 채 썰고, 표고버섯은 채 썰어 볶아 실고추와 함께 고명으로 사용하시오.
4. 국수와 국물의 비율은 1:2 정도가 되도록 하시오.

밀가루 100g, 멸치 20g, 애호박 1/3개, 건표고버섯(불린 것) 1개, 실고추, 대파, 마늘
국간장 10mL, 소금, 흰설탕, 참기름, 식용유

–

밀가루 반죽 : 밀가루 10큰술, 소금 1/2작은술, 물 2½큰술
멸치육수 : 멸치(대, 국멸치용) 20g, 물 5컵(대파, 마늘)
고명 : 애호박, 표고버섯, 실고추

만드는 법

1 덧가루용 밀가루를 남기고 밀가루에 소금물을 넣어 되직하게 반죽하여 비닐에 싸둔다.

2 멸치는 내장과 머리를 제거하고 마른 팬에 볶는다. 볶은 멸치를 찬물에 넣고 대파, 마늘과 함께 끓여서 면포에 걸러 육수를 준비한다.

3 애호박은 돌려 깎아 0.2cm×0.2cm×5cm 크기로 채썰기한 후 소금에 절여 볶는다.

4 불린 표고버섯은 0.2cm×0.2cm×5cm 크기로 채 썰어 양념하여 볶는다.

5 밀가루 반죽을 0.2cm 두께로 밀어서, 0.3cm 폭으로 썬다. 칼국수는 잘 털어서로 달라붙지 않도록 한다.

6 육수가 끓으면 국간장과 소금으로 간하고 국수를 넣어 휘저어주며 끓인다.

7 그릇에 칼국수를 담고 애호박채, 표고버섯채, 실고추를 고명으로 얹는다.

1

2

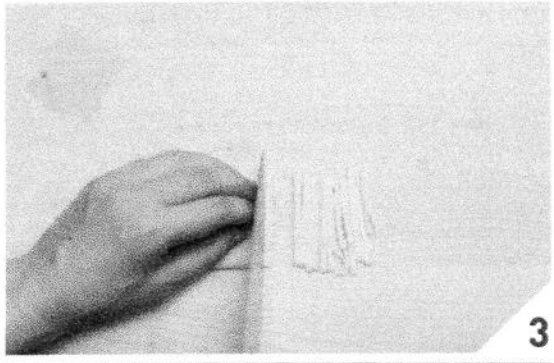
3

4

5

조리작업 순서

밀가루 반죽 ➡ 육수 끓이기 ➡ 고명 준비(애호박채, 표고버섯채, 실고추) ➡ 반죽 밀어 썰기 ➡ 칼국수 끓이기 ➡ 담기 ➡ 고명 얹기

TIP

- 국수반죽 시 식용유를 약간 넣으면 밀 때 달라붙지 않는다.
- 덧가루는 충분히 털어내어야 국물이 맑다.
- 밀가루 100g에 물 45g이면 국수반죽에 적당하다.
(밀가루와 물은 부피로 했을 때 4:1의 비율로 하면 적당하다.)

구절판

요구사항	재료 및 분량
주어진 재료를 사용하여 다음과 같이 〔구절판〕을 만드시오. 1 채소는 5cm×0.2cm×0.2cm 정도의 크기로 채 썰어 사용하시오. 2 밀전병은 직경 6cm 정도의 크기로 7개 만드시오. 3 밀전병 사이에 비늘잣을 고명으로 얹으시오.	소고기 50g, 오이 1/2개, 당근 60g, 달걀 2개, 석이버섯 5g, 건표고버섯(불린 것) 2개, 숙주 60g, 밀가루 50g, 잣 5g, 대파, 마늘 진간장, 소금, 흰설탕, 깨소금, 참기름, 검은후춧가루, 식용유 – **밀전병 반죽** : 밀가루 5큰술, 물 6큰술, 소금 1/3작은술 **소고기, 표고버섯 양념** : 진간장 1작은술, 흰설탕 1/2작은술, 다진 대파 1/2작은술, 다진 마늘 1/4작은술, 참기름 1/4작은술, 검은후춧가루

만드는 법

1 숙주는 거두절미하여 소금물에 10초간 데쳐서 찬물에 헹군 다음 참기름, 소금으로 밑간한다.

2 석이버섯은 따뜻한 물에 불려 뒷면의 이끼와 돌을 따내고 비벼 씻는다. 손질한 석이버섯은 채 썰어 소금, 참기름으로 밑간한다.

3 오이, 당근은 5cm×0.2cm×0.2cm로 채 썰어 소금에 살짝 절인다.

4 표고버섯은 길이대로 채 썬다. 소고기는 핏물을 제거한 다음 5cm×0.2cm×0.2cm로 채 썰어 양념한다.

5 밀가루에 동량의 물을 섞어 소금으로 간한 다음 체에 거른다.

6 팬에 기름을 두르고 밀가루 반죽을 반큰술씩 넣어서 직경 6cm의 밀전병을 7개 만든다.

7 달걀은 황 · 백 지단을 부쳐 5cm×0.2cm× 0.2cm로 채 썬다.

8 오이, 당근은 물기를 짜고 팬에 볶는다.

9 석이버섯, 표고버섯, 소고기 순서대로 볶는다.

10 잣은 고깔을 떼고 반으로 갈라 비늘잣을 만든다.

11 접시 중앙에 밀전병과 비늘잣의 순서로 7번 겹쳐 올린다.

12 볶은 고기와 버섯, 채소, 황 · 백지단을 돌려 담는다.

1

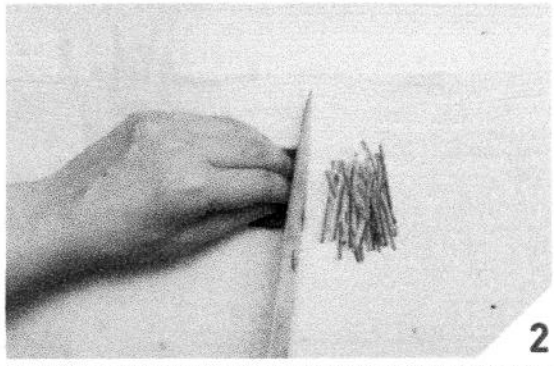
2

3

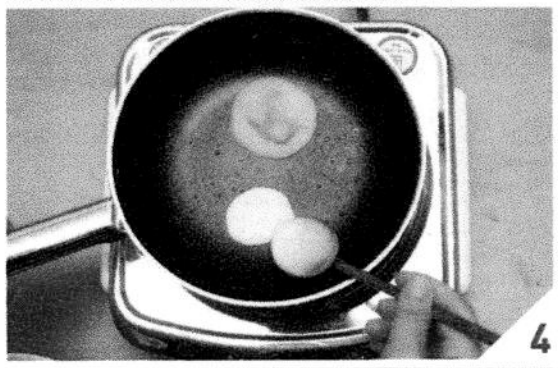
4

5

조리작업 순서

물 끓이기 ➡ 석이 · 표고버섯 불리기 ➡ 숙주 데치기 ➡ 석이버섯 밑간하기 ➡ 표고버섯 · 소고기 채썰기 ➡ 밀전병 만들기 ➡ 황 · 백지단 부치기 ➡ 채소볶기(오이, 당근) ➡ 석이버섯, 표고버섯, 소고기 볶기 ➡ 비늘잣 만들기 ➡ 담기

TIP

◈ 숙주의 아삭한 맛을 살리기 위해 끓는 물에 소금을 넣고 짧게 데쳐낸다.

◈ 재료를 볶을 때는 채소→고기, 밝은색→어두운색 순서로 볶는다.

◈ 구절판의 각 재료는 석이버섯을 제외하고 양이 일정해야 한다.

사슬적

요구사항	재료 및 분량
주어진 재료를 사용하여 다음과 같이 〔사슬적〕을 만드시오. 1 사슬적은 폭 6cm, 길이 6cm 정도 되게 하시오. 2 소고기는 다져 사용하시오. 3 사슬적은 2개 제출하고, 잣가루를 고명으로 하시오.	대구살 200g, 소고기 80g, 두부 40g, 밀가루 10g, 잣 5g, 생강 20g, 대파, 마늘, 산적꼬치 흰후춧가루, 진간장, 소금, 흰설탕, 깨소금, 참기름, 식용유 – **생선 양념** : 소금 1/4작은술, 흰후춧가루, 다진 마늘 1/2작은술, 생강즙 1/4작은술, 참기름 1/2작은술 **소고기 양념** : 진간장 1큰술, 흰설탕 1/2큰술, 다진 대파 1작은술, 다진 마늘 1작은술, 참기름, 깨소금, 흰후춧가루

❙ 만드는 법

1 소고기는 핏물을 빼서 곱게 다진다. 두부는 물기를 빼고 다져서 소고기와 함께 섞어 양념한다.

2 대구살은 가시를 발라내고 7cm×1cm×0.7cm 크기로 썬다. 손질한 대구살은 소금, 흰후춧가루로 밑간한 다음 물기를 제거하고 나머지 양념(다진 마늘, 생강즙, 참기름)을 한다.

3 잣은 고깔을 떼고 곱게 다진다.

4 양념한 소고기를 7cm×7cm×1cm로 모양을 잡는다.

5 대구살을 꼬치에 끼우고, 고기와 맞닿는 쪽에 밀가루를 묻힌다. 대구살과 대구살 사이에 고기를 막대 모양으로 눌러 붙인다.

6 열이 오른 팬에 기름을 두르고 꼬치를 올려 지져낸 후 접시에 담고 잣가루를 뿌린다.

1

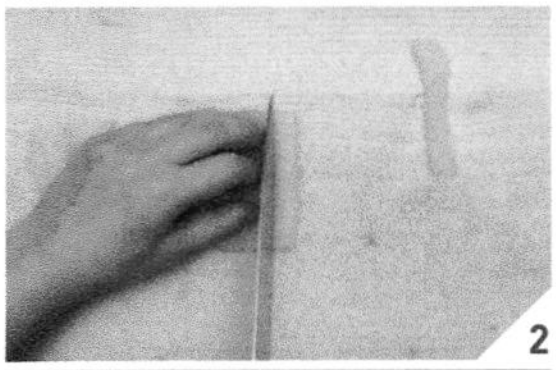
2

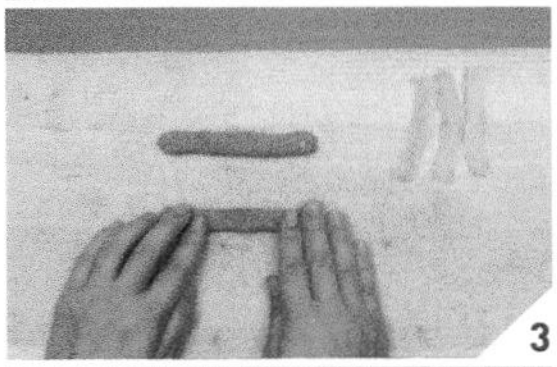
3

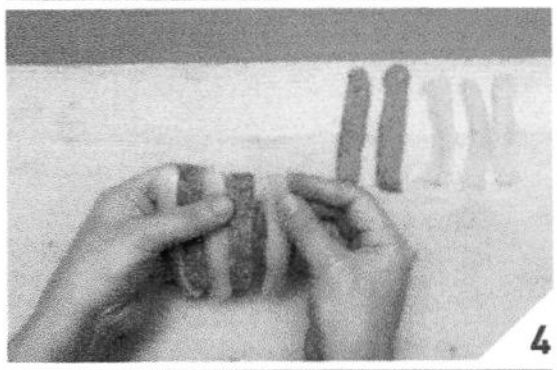
4

5

조리작업 순서

소고기, 두부 다지기, 양념 ➡ 대구살 손질, 양념 ➡ 잣 다지기 ➡ 꼬치에 끼우기(생선, 고기 순서로) ➡ 팬에 지지기 ➡ 잣가루 뿌리기

TIP

- 생선을 촘촘히 끼우고 다진 고기를 뒤에 붙여 지지기도 한다.
- 고기와 생선을 번갈아 꼬치에 꿰었다 하여 사슬적이라 한다.
- 석쇠에 굽기도 한다.

도라지정과

요구사항	재료 및 분량
주어진 재료를 사용하여 다음과 같이 〔도라지정과〕를 만드시오. 1 도라지는 5cm×1cm×0.6cm 정도로 자르고 데쳐서 사용하시오. 2 설탕과 물엿을 사용하여 윤기 나게 조려 전량 제출하시오.	통도라지 100g 물엿 60g, 흰설탕 50g, 소금 – **도라지 데칠 물** : 물 1컵, 소금 1/4작은술 **도라지 조림물** : 흰설탕 50g, 물 3컵, 물엿 60g

| 만드는 법

1 통도라지는 5cm×1cm×0.6cm로 잘라서, 끓는 물에 소금을 넣고 살짝 데쳐 찬물에 헹군다.

2 냄비에 흰설탕, 물, 소금, 도라지를 넣어 처음에는 센 불에서 끓이다가 약불에서 천천히 조린다. 도중에 생기는 거품은 걷어낸다.

3 설탕물이 거의 졸았을 때 물엿을 넣어 윤기가 나도록 잠시 더 조린다.

4 윤기가 나고 투명하게 조려졌으면 식혀서 그릇에 담는다.

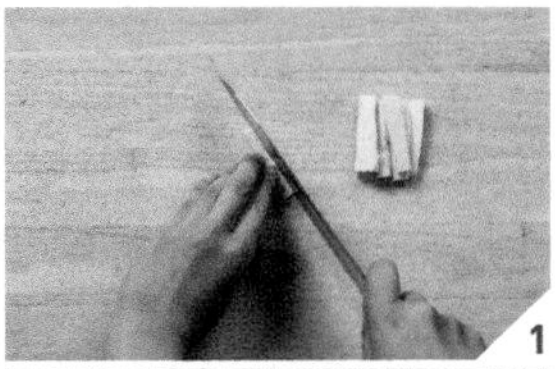
1

2

3

조리작업 순서

도라지 손질 ➡ 도라지 데치기 ➡ 도라지 조리기 ➡ 물엿 넣어 조리기 ➡ 담기

TIP

◈ 정과는 생과일이나 식물의 뿌리 또는 열매에 꿀을 넣고 조린 것으로 전과(煎果)라고도 한다.

3형

편수

오이/고추소박이

돼지갈비찜

율란/조란

| 총 지급재료

• 소고기(우둔)	60g	• 계핏가루	20g
• 소고기(양지)	30g	• 꿀	70g
• 애호박	1/4개	• 잣	30g
• 건표고버섯(불린 것)	1개	• 양파	1/3개
• 밀가루(중력분)	70g	• 멸치액젓	20mL
• 숙주(생것)	30g	• 대파(흰부분 4cm 정도)	1토막
• 오이	1개	• 마늘	2쪽
• 풋고추	5개	• 생강	20g
• 무	50g	• 국간장	10mL
• 부추	40g	• 진간장	50mL
• 쪽파(1뿌리)	20g	• 흰설탕	20g
• 돼지갈비(5cm, 토막)	200g	• 소금	30g
• 감자(150g 정도)	1/2개	• 깨소금	10g
• 당근(길이 7cm 정도)	50g	• 참기름	20mL
• 홍고추	1/2개	• 고춧가루	10g
• 밤(껍질 있는 것)	10개	• 검은후춧가루	3g
• 건대추	15개		

| 과제별 지급재료

1. 편수	2. 오이/고추소박이	3. 돼지갈비찜	4. 율란/조란
소고기(우둔)	오이	돼지갈비	밤
소고기(양지)	풋고추	감자	건대추
건표고버섯	무	당근	계핏가루
애호박	부추	양파	꿀
숙주	쪽파	홍고추	잣
잣	멸치액젓	대파	소금
밀가루	대파	마늘	
대파	마늘	생강	
마늘	생강	진간장	
소금	소금	흰설탕	
흰설탕	고춧가루	검은후춧가루	
참기름	잣	깨소금	
깨소금		참기름	
검은후춧가루			
진간장			
국간장			

편수

요구사항	재료 및 분량
주어진 재료를 사용하여 다음과 같이 〔편수〕를 만드시오. 1 만두피는 8cm×8cm 정도의 크기로 만드시오. 2 소와 잣을 하나씩 넣은 편수를 5개 만드시오. 3 육수를 내어 기름기를 제거하고 차게 식힌 다음 편수를 넣어 내시오.	소고기(우둔) 60g, 소고기(양지) 30g, 건표고버섯(불린 것) 1장, 애호박 1/4개, 숙주 30g, 밀가루 70g, 잣 5g, 대파, 마늘 국간장 10mL, 진간장, 소금, 흰설탕, 깨소금, 참기름, 검은후춧가루 – **밀가루 반죽** : 밀가루 6큰술, 물 1½큰술, 소금 1/3작은술 **소고기, 표고버섯 양념** : 진간장 1큰술, 흰설탕 1/2큰술, 다진 대파 2작은술, 다진 마늘 1작은술, 참기름, 깨소금, 검은후춧가루

❙ 만드는 법

1 밀가루는 덧가루를 남기고 소금물로 반죽하여 비닐에 싸서 30분 정도 둔다. 밀가루 반죽을 얇게 밀어 사방 8cm 정도의 정사각형으로 만두피 5개를 만든다.

2 소고기(양지)는 육수를 끓여 기름기를 제거하고 국간장과 소금으로 간하여 식힌다.

3 소고기(우둔)는 곱게 다지고 표고버섯은 가늘게 채 썰어 양념한다.

4 숙주는 끓는 소금물에 살짝 데쳐 물기를 짜고 송송 썬다.

5 호박은 껍질부분을 돌려깎아 채 썰고, 소금에 살짝 절였다가 물기를 제거한다. 팬에 참기름을 두르고 호박채를 볶아 펼쳐 식힌다.

6 호박, 숙주, 소고기, 표고버섯을 섞어 소를 만든다.

7 만두피를 도마 위에 놓고 소를 한 큰술 정도 가운데에 놓은 후 잣을 한 알씩 얹는다. 만두피의 네 귀를 한데 모아서 맞닿는 자리를 마주 붙여 네모지게 빚는다.

8 편수를 찜통에 찐다.

9 차게 식힌 육수에 편수를 넣는다.

1

2

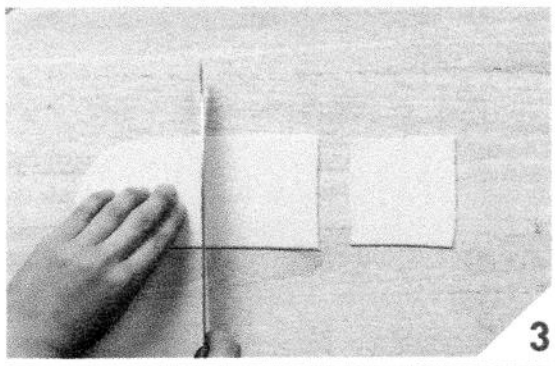
3

4

5

조리작업 순서

밀가루 반죽 ➡ 육수 끓이기 ➡ 소고기, 표고버섯 썰어 양념 ➡ 숙주 데치기 ➡ 호박 썰어 볶기 ➡ 소 만들기(소고기, 표고, 숙주, 호박) ➡ 만두피 만들기 ➡ 편수 만들기 ➡ 찌기 ➡ 담기

TIP

◈ 편수(片水)는 물 위에 조각이 떠있는 모양과 같아 붙여진 이름이다.

◈ 편수는 여름철에 차게 먹는 사각 모양의 만두이다.

오이/고추소박이

요구사항	재료 및 분량

요구사항

주어진 재료를 사용하여 다음과 같이 〔오이/고추소박이〕를 만드시오.

1. 오이소박이는 길이 6cm 정도로 3개 만들고, 부추는 0.5cm 정도 길이로 소를 만드시오.
2. 풋고추는 꼭지부분을 1cm 정도 남기고 길이대로 칼집을 넣어 소금물에 절여 사용하시오.
3. 고추소박이 소는 무 2cm 길이로 채 썰고 부추, 쪽파도 같은 길이로 썰어 생강, 마늘, 멸치액젓을 사용하여 만드시오.
4. 풋고추에 소를 채워 잣을 2~3개씩 박아 5개를 만들고 국물을 부어 담아 제출하시오.

재료 및 분량

오이 1개 , 부추 20g, 생강 5g, 대파, 마늘, 고춧가루, 소금, 풋고추 5개, 무 50g, 부추 20g, 쪽파 1뿌리, 생강 5g, 잣 10g, 마늘, 멸치액젓 20mL, 소금

–

소금물
- 오이 : 소금 2큰술, 물 1컵
- 고추 : 소금 1큰술, 물 1컵

부재료
- 오이소박이 : 부추
- 고추소박이 : 무, 부추, 쪽파

소 양념
- 오이소박이 : 고춧가루 1큰술, 소금 1작은술, 다진 쪽파 1작은술, 다진 마늘 1/2작은술, 다진 생강 1/4작은술, 물, 2작은술
- 고추소박이 : 멸치액젓 1큰술, 다진 마늘, 다진 생강

만드는 법

오이소박이

1 오이는 소금으로 문질러 씻은 후 6cm 길이의 3토막으로 자른다. 오이의 양끝을 1cm씩 남기고 열십자로 칼집을 넣어 진한 소금물에 절인다.

2 부추는 0.5cm 길이로 송송 썰고, 파, 마늘, 생강은 곱게 다져서 소를 만든다.

3 절여진 오이는 물기를 닦고, 오이의 칼집(4군데)에 소를 고루 채워 넣는다.

4 소박이 표면은 부추를 뺀 양념을 고루 무친다.

5 소를 버무린 그릇에 물 1큰술과 소량의 소금을 넣고 국물을 만들어 소박이 위에 붓는다.

고추소박이

1 고추는 꼭지를 1cm 남기고 길이대로 칼집을 넣어 씨를 빼고 소금물에 절인다.

2 무는 0.2cm×0.2cm×2cm로, 쪽파, 부추는 2cm 길이로 썰고, 마늘과 생강은 다진다.

3 멸치액젓에 양념과 손질한 채소들을 넣어 소를 만든다.

4 절인 고추의 물기를 닦고, 소를 채운 후 잣을 2~3개씩 박는다.

5 고추소박이를 그릇에 담고 멸치액젓 1/4작은술과 물 2큰술로 국물을 만들어 소박이에 붓는다.

조리작업 순서

오이소박이 : 오이 씻기, 토막 내기 ➡ 열십자 칼집 넣기 ➡ 소금물에 절이기 ➡ 부추 썰기 ➡ 소 만들기 ➡ 오이 물기 제거 ➡ 소 박기 ➡ 담기 ➡ 국물 만들어 붓기

고추소박이 : 고추손질 ➡ 절이기 ➡ 무, 쪽파, 부추 썰기 ➡ 소 만들기 ➡ 소박이 만들기 ➡ 국물 붓기

TIP

◈ 오이가 덜 절여지면 소를 넣기 힘들므로, 소금물에 오이가 충분히 잠기도록 다른 물그릇을 올려 눌러 놓는다.

◈ 소를 넣을 때는 오이의 위, 아래를 엄지와 검지로 잡고 꾹 눌러 벌어지게 하면 쉽게 할 수 있다.

◈ 고추소박이는 멸치액젓으로 소를 만들며, 고춧가루를 사용하지 않는다.

돼지갈비찜

요구사항	재료 및 분량
주어진 재료를 사용하여 다음과 같이 〔돼지갈비찜〕을 만드시오. 1 갈비는 핏물을 제거하여 사용하시오. 2 감자와 당근은 3cm 정도 크기로 잘라 모서리를 다듬어 사용하시오. 3 갈비찜은 잘 무르고 부서지지 않게 조리하고, 전량의 갈비를 국물과 함께 담아 제출하시오.	돼지갈비 200g, 감자 1/2개, 당근 50g, 양파 1/3개, 홍고추 1/2개, 대파, 마늘, 생강 진간장, 흰설탕, 깨소금, 참기름, 검은후춧가루 – **양념장** : 진간장 2큰술, 흰설탕 1큰술, 다진 대파 1큰술, 다진 마늘 1/2큰술, 다진 생강 1/2작은술, 참기름, 깨소금, 검은후춧가루

| 만드는 법

1 돼지갈비를 5cm 정도의 토막으로 썰어 찬물에 담갔다가 핏물을 뺀다. 돼지갈비의 기름기를 제거하고 잔칼집을 넣는다.

2 당근, 감자는 사방 3cm로 썰어 모서리를 다듬고, 양파는 폭 1cm로 썬다.

3 홍고추는 어슷 썰어 씨를 제거하고, 대파, 마늘, 생강은 다진다.

4 양념장을 준비한다.

5 돼지갈비를 끓는 물에 데쳐 찬물에 헹군다.

6 돼지갈비와 양념장의 1/2을 넣고 물을 자작하게 부어 끓인다.

7 돼지갈비가 한소끔 끓으면, 당근과 감자, 나머지 양념장을 넣는다.

8 갈비가 무르고, 채소가 익으면 양파와 홍고추를 넣는다.

9 양파가 익으면 뚜껑을 열고 센 불에서 윤기가 나도록 조린다.

1

2

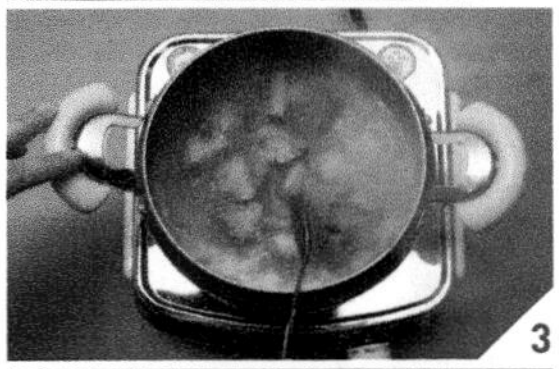
3

4

5

조리작업 순서

갈비 손질 ➡ 물 끓이기 ➡ 당근, 감자 모서리 다듬기 ➡ 양파, 홍고추썰기 ➡ 양념장 만들기 ➡ 갈비 데치기 ➡ 찜하기(돼지갈비 + 양념장 1/2) ➡ 당근, 감자 + 양념장 1/2 넣기 ➡ 양파, 홍고추 넣기 ➡ 담기

TIP

◈ 찜요리 시 채소는 모서리를 다듬어야 국물이 탁해지지 않는다.

◈ 찜요리 시 모든 재료가 다 익으면 마지막에 뚜껑을 열고 센 불에서 가열해야 윤기가 난다.

율란/조란

요구사항	재료 및 분량
주어진 재료를 사용하여 다음과 같이 〔율란/조란〕을 만드시오. 1 율란에 묻히는 고명은 잣가루를 사용하시오. 2 대추 모양의 한쪽에만 잣을 박아내시오. 3 율란과 조란 각각 5개를 만들어 제출하시오.	밤 10개, 계핏가루 10g, 꿀 35g, 잣 10g, 소금 건대추 15개, 계핏가루 10g, 꿀 35g, 잣 5g, 소금

만드는 법

율란

1 밤은 물을 넉넉히 붓고 삶는다. 밤이 거의 삶아지면 남은 물을 따라내고 약불에서 잠깐 뜸을 들인다.

2 뜨거울 때 속껍질까지 말끔히 벗기고 체에 내려서 보슬보슬한 고물을 만든다.

3 밤고물에 계핏가루와 꿀, 소금을 섞어 한 덩어리가 되도록 주물러 반죽한다.

4 잣을 곱게 다진다.

5 밤 반죽을 떼어 동그랗게 굴려 밤 모양으로 5개 빚는다. 율란의 밑동 부분에 꿀을 조금 바르고 잣가루를 묻힌다.

조란

1 대추는 찜통에 살짝 찐다.

2 찐 대추의 씨를 발라내고 살만 곱게 다진다.

3 다진 대추와 꿀, 계핏가루를 냄비에 넣고 약불에서 나무주걱으로 저으며 짧게 조린다.

4 조린 대추가 식으면 대추 모양으로 5개 만들어 꼭지부분에 잣을 끼운다.

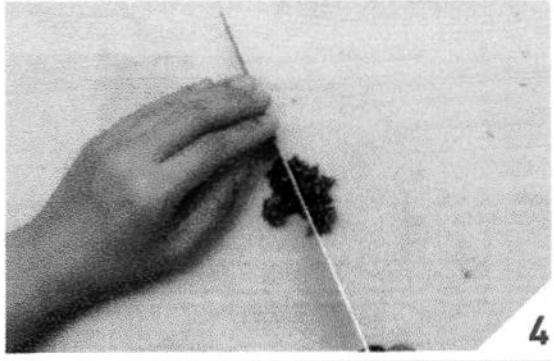

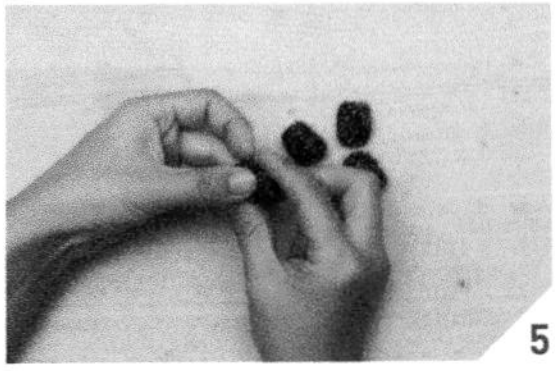

조리작업 순서

율란 : 밤 삶기 ➡ 고물 만들기 ➡ 덩어리로 뭉치기 ➡ 밤 모양 빚기 ➡ 잣가루 묻히기 ➡ 담기

조란 : 대추 찌기 ➡ 대추 다지기 ➡ 조리기 ➡ 대추 모양 빚기 ➡ 잣 끼우기 ➡ 담기

TIP

◈ 대추는 살짝 삶아야 조란을 보기 좋게 만들 수 있다.

4형

만둣국

밀쌈

두부선

3가지 나물(호박, 도라지, 시금치)

| 총 지급재료

• 소고기(우둔, 살코기)	120g	• 밀가루(중력분)	120g
• 두부	150g	• 새우젓	10g
• 숙주(생것)	30g	• 실고추	1g
• 배추김치	40g	• 산적꼬치	1개
• 달걀	3개	• 대파(흰부분 4cm 정도)	2토막
• 미나리(줄기 부분)	20g	• 마늘	3쪽
• 오이	1/2개	• 국간장	10mL
• 당근(길이 4cm 정도)	30g	• 진간장	20mL
• 건표고버섯(불린 것)	2개	• 흰설탕	20g
• 죽순	20g	• 소금	30g
• 닭가슴살	40g	• 깨소금	10g
• 잣	10g	• 참기름	30mL
• 석이버섯	1g	• 식초	20mL
• 겨잣가루	20g	• 검은후춧가루	3g
• 애호박	1/2개	• 식용유	40mL
• 통도라지	100g		
• 시금치	200g		

| 과제별 지급재료

1. 만둣국	2. 밀쌈	3. 두부선	4. 3가지 나물
밀가루	소고기	두부	애호박
소고기	오이	닭가슴살	소고기
두부	당근	건표고버섯	통도라지
숙주	건표고버섯	달걀	시금치
배추김치	달걀	석이버섯	국간장
미나리	죽순	겨잣가루	새우젓
달걀	밀가루	잣	실고추
산적꼬치	식초	실고추	진간장
국간장	흰설탕	식초	대파
대파	진간장	흰설탕	마늘
마늘	대파	진간장	참기름
참기름	마늘	대파	깨소금
깨소금	참기름	마늘	소금
소금	깨소금	참기름	검은후춧가루
검은후춧가루	소금	깨소금	식용유
식용유	검은후춧가루	소금	
	식용유	검은후춧가루	
		식용유	

만둣국

요구사항	재료 및 분량
주어진 재료를 사용하여 다음과 같이 〔만둣국〕을 만드시오. 1 만두피는 지름 8cm 정도로 하고 소를 넣어 반으로 접어 붙이고 양쪽 끝을 서로 맞붙여 둥근 모양의 만두를 5개 만드시오. 2 마름모꼴의 황 · 백지단, 미나리 초대를 고명으로 하시오.	밀가루 60g, 소고기 60g, 두부 50g, 숙주 30g, 배추김치 40g, 미나리 20g, 달걀 1개, 대파, 마늘, 산적꼬치 국간장 10mL, 소금, 깨소금, 참기름, 검은후춧가루, 식용유 – **만두피 반죽** : 밀가루 6큰술, 물 1½큰술, 소금 1/3작은술 **만두소 양념** : 소금 1/2작은술, 다진 대파 1작은술, 다진 마늘 1/2작은술, 참기름 1/2작은술, 깨소금, 검은후춧가루 **육수 끓이기** : 소고기, 물 4컵(대파, 마늘) **육수 간하기** : 육수 3컵, 국간장 1/2작은술, 소금 1작은술 **고명** : 황 · 백지단, 미나리 초대

만드는 법

1 덧가루용 밀가루를 남기고, 밀가루에 물과 소금을 넣어 되직하게 반죽하여 비닐에 싸둔다.

2 소고기의 일부는 육수를 끓이고, 나머지는 곱게 다진다.

3 숙주는 끓는 소금물에 살짝 데치고, 물기를 제거한 후 송송 썬다.

4 두부는 면포에 싸서 물기를 제거하고 곱게 으깬다.

5 김치는 속을 털어내고 송송 썰어 소고기, 숙주, 두부와 양념하여 만두소를 만든다.

6 황 · 백지단과 미나리 초대를 부쳐서 2cm×2cm의 마름모꼴로 썬다.

7 반죽을 얇게 밀어 지름 8cm의 만두피를 5개 만든다. 만두피에 소를 넣고 접어서 양 끝을 맞붙여 둥근 만두를 5개 만든다.

8 육수에 국간장과 소금으로 간하고 만두를 넣어 끓인다.

9 만두가 떠오르면 국물과 함께 담고 고명을 얹는다.

1

2

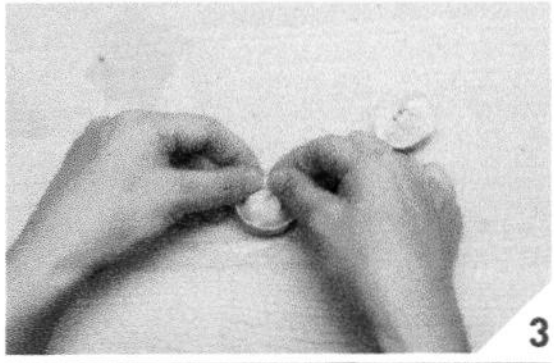
3

4

조리작업 순서

밀가루 반죽 ➡ 육수 끓이기 ➡ 만두소 준비(숙주, 소고기, 두부, 김치) ➡ 고명 준비(황 · 백지단, 미나리 초대) ➡ 만두 빚기 ➡ 만둣국 끓이기 ➡ 담기 ➡ 고명 얹기

TIP

- 밀가루 1큰술은 만두피 약 1개 분량이다.
- 만두를 빚을 때 양 끝에 물을 묻혀 포개듯이 붙인다.
- 두부는 면포에 물기를 짠 후 칼등을 뉘어서 으깬다.

밀쌈

요구사항	재료 및 분량
주어진 재료를 사용하여 다음과 같이 〔밀쌈〕을 만드시오. 1 밀쌈의 지름은 2cm 정도, 길이는 4cm 정도로 만드시오. 2 밀쌈은 8개 제출하고 초간장을 곁들이시오.	소고기 30g, 오이 1/2개, 당근 30g, 건표고버섯(불린 것) 1개, 달걀 1개, 죽순 20g, 밀가루 60g, 대파, 마늘 진간장, 소금, 흰설탕, 식초, 깨소금, 참기름, 검은후춧가루, 식용유 – **소고기, 표고버섯 양념** : 진간장 1/4작은술, 다진 대파 1/4작은술, 다진 마늘 1/4작은술, 깨소금 1/4작은술, 검은후춧가루 **밀전병** : 밀가루 1/2컵, 물 3/5컵, 소금 1/8작은술

❙ 만드는 법

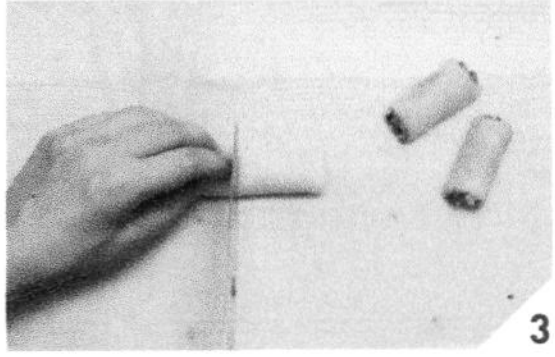

1 오이는 5cm 길이로 잘라 돌려깎기 하여 곱게 채 썬다. 채 썬 오이는 소금으로 간한 후 물기를 제거한다.

2 죽순은 끓는 소금물에 데쳐 곱게 채 친다.

3 당근은 5cm 길이로 곱게 채 썰어 소금으로 간한다.

4 표고버섯은 가늘게 채 썰어 양념한다.

5 소고기는 결대로 가늘게 채 썰어 양념한다.

6 달걀은 황백지단으로 부쳐 5cm 길이로 곱게 채 썬다.

7 오이, 당근, 표고버섯, 소고기 순서로 각각 볶아 식힌다.

8 밀가루는 묽게 개어 소금으로 간한다. 열이 오른 팬에 밀전병을 얇고 넓게 4장 부친다.

9 밀전병에 소를 가지런히 놓은 다음 지름 2cm로 단단히 만다.

10 4cm 길이로 썬 밀쌈 8개를 접시에 담고 초간장을 곁들인다.

조리작업 순서

오이, 당근, 죽순 썰기 ➡ 표고버섯, 소고기 썰어 양념하기 ➡ 밀전병 부치기 ➡ 지단 부쳐 썰기 ➡ 재료 볶기(표고버섯,소고기 순) ➡ 밀쌈 말기 ➡ 밀쌈 썰기 ➡ 담기 ➡ 초간장 만들기

TIP

◈ 밀쌈은 밀전병에 여러 가지 소를 넣고 돌돌 만 음식이다.

두부선

요구사항	재료 및 분량
주어진 재료를 사용하여 다음과 같이 〔두부선〕을 만드시오. 1 두부선의 크기는 3cm×3cm×1cm 정도로 9개를 제출하시오. 2 고명(황 · 백지단, 석이버섯, 표고버섯, 실고추)은 채 썰고 잣은 비늘잣으로 사용하며, 겨자장을 곁들이시오.	두부 100g, 닭가슴살 40g, 건표고버섯(불린 것) 1개, 달걀 1개, 석이버섯 1g, 잣 10g, 겨잣가루 20g, 실고추, 대파, 마늘 진간장, 소금, 흰설탕, 식초, 깨소금, 참기름, 검은후춧가루, 식용유 – **두부, 닭가슴살 양념** : 소금 2작은술, 흰설탕 1작은술, 다진 대파 1작은술, 다진 마늘 1/2작은술, 참기름, 깨소금, 검은후춧가루 **표고버섯 양념** : 진간장 1작은술, 흰설탕 1/2작은술, 참기름 **석이버섯 양념** : 소금, 참기름 **겨자장** : 발효겨자 1작은술, 식초 1½작은술, 흰설탕 1½작은술, 진간장, 소금, 물

만드는 법

1 닭가슴살을 곱게 다진다.

2 두부를 행주에 싸서 물기를 짠 다음 도마에 놓고 한쪽 끝에서부터 칼을 눕혀서 으깬다.

3 표고버섯은 기둥을 떼고, 석이버섯은 불려서 비벼 깨끗이 손질하여 각각 채 썰어 양념한다.

4 실고추는 2cm 길이로 끊어놓고, 잣은 고깔을 떼고 길이로 반을 갈라서 비늘잣을 만든다.

5 달걀은 황 · 백지단을 부쳐서 2cm 길이로 채 썬다.

6 다진 두부와 닭고기를 섞어 양념하고 고루 섞이도록 치댄다.

7 젖은 행주를 펴고 양념한 두부를 1cm 두께로 고르게 펴서 네모지게 반대기를 만든다. 반대기 위에 표고, 석이, 지단, 실고추, 잣을 고루 얹고 젖은 행주를 덮어 살짝 누른다.

8 찜통에서 10분 정도 찐 후, 3cm×3cm×1cm로 썰어 그릇에 담고 겨자장을 곁들인다.

1

2

3

4

조리작업 순서

표고, 석이버섯 불리기 ➡ 닭고기 다지기 ➡ 두부 으깨기 ➡ 표고, 석이버섯 채 썰기 ➡ 실고추, 잣 손질 ➡ 황백지단 부쳐 썰기 ➡ 양념하기((닭가슴살, 두부) ➡ 반대기 만들기 ➡ 고명 올리기(표고, 석이, 지단, 실고추, 잣) ➡ 찌기 ➡ 썰기 ➡ 담기

TIP

- 다진 두부와 닭고기는 혼합하여 오래 치대주어야 부서지지 않고 씹는 맛이 쫄깃하다.
- 두부선을 찐 후 한 김 나간 후에 썰어야 모양이 좋다.

3가지 나물(호박, 도라지, 시금치)

요구사항	재료 및 분량
주어진 재료를 사용하여 다음과 같이 〔3가지 나물〕을 만드시오. 1 애호박은 0.5cm 정도 두께의 반달형으로 썰어 소금에 절이고, 소고기는 다져서 양념하여 호박과 같이 볶아 새우젓으로 간하고 실고추를 고명으로 얹으시오. 2 도라지는 0.5cm×0.5cm×6cm 정도 크기로 식용유에 볶아서 사용하시오. 3 시금치는 손질하여 뿌리 쪽에 열십자 칼집을 넣어 사용하시오.	애호박 1/2개, 소고기 30g, 새우젓 10g, 실고추, 대파, 마늘, 진간장, 소금, 깨소금, 참기름, 검은후춧가루, 식용유 통도라지 100g, 대파, 마늘, 소금, 깨소금, 참기름, 식용유 시금치 200g, 대파, 마늘, 국간장, 소금, 깨소금, 참기름 – **소고기 양념** : 진간장 1/4작은술, 다진 대파 1/4작은술, 다진 마늘 1/4작은술, 깨소금 1/4작은술, 참기름, 검은후춧가루

만드는 법

호박나물

1 애호박은 반으로 길게 잘라 0.5cm 크기의 반달모양으로 썰어 소금에 절였다가 물기를 제거한다.

2 실고추는 4cm 썰고 새우젓은 다져서 면포에 짜서 국물을 만든다.

3 소고기는 곱게 다져 양념한다.

4 기름 두른 팬에 소고기를 볶다가 호박을 넣어 같이 볶는다. 새우젓으로 간하여 접시에 담은 후 실고추를 올린다.

도라지나물

1 통도라지는 0.5cm×0.5cm×6cm의 크기로 썰어서 소금을 넣어 주무른 후 물에 헹궈 물기를 짠다.

2 대파와 마늘은 곱게 다지고, 실고추는 3cm 길이로 썬다.

3 도라지에 다진 대파와 다진 마늘, 소금을 넣어 양념한다. 양념한 도라지는 팬에 볶다가 물 5큰술을 넣고 뚜껑을 덮어 익힌다.

4 국물이 조금 남았을 때 참기름, 깨소금을 조금 넣어 고루 섞는다.

시금치나물

1 시금치는 뿌리를 제거하고 뿌리 쪽에 열십자 칼집을 넣어 가른다.

2 시금치를 끓는 소금물에 데쳐 찬물에 헹구고 물기를 짠다.

3 소금, 다진 마늘, 다진 대파, 국간장, 참기름, 깨소금을 넣고 무친다.

1

2

3

4

5

조리작업 순서

호박나물 : 애호박 반달 썰어 소금에 절이기 ➡ 소고기 다져 양념한 후 볶기 ➡ 애호박 볶기 ➡ 새우젓으로 간하기 ➡ 실고추 올리기

도라지나물 : 도라지 썰어 소금에 주무르기 ➡ 도라지 양념하기 ➡ 도라지 볶기 ➡ 물 붓고 익히기 ➡ 참기름, 깨소금, 실고추 넣기

시금치나물 : 시금치 손질하기 ➡ 데치기 ➡ 양념하기

TIP

◈ 애호박에 소금을 뿌렸다가 물기를 닦을 때, 조심스럽게 다루어야 멍이 생기지 않는다.

◈ 도라지를 소금으로 잘 비벼야 쓴맛이 적다.

5형

규아상

닭찜

월과채

모둠전(표고, 깻잎, 애호박)

총 지급재료

소고기(우둔)	120g	마늘	3쪽
건표고버섯(불린 것)	6개	생강	20g
오이	1/3개	진간장	70mL
닭	1/2마리	흰설탕	40g
밤(껍질 있는 것)	2개	소금	30g
당근(길이 7cm 정도)	50g	깨소금	15g
달걀	3개	참기름	20mL
은행(겉껍질 깐 것)	3개	식초	10mL
애호박	1개	검은후춧가루	5g
두부	20g	식용유	100mL
깻잎(작은 것)	3장		
느타리버섯	30g		
홍고추(길이로 자른 것)	1/2개		
찹쌀가루(방앗간에서 불려 빻은 것)	100g		
밀가루(중력분)	120g		
잣	10g		
대파(흰부분 4cm 정도)	2토막		

과제별 지급재료

1. 규아상	2. 닭찜	3. 월과채	4. 모듬전
밀가루	닭	애호박	건표고버섯
소고기	밤	느타리버섯	깻잎
건표고버섯	당근	건표고버섯	애호박
오이	건표고버섯	소고기	소고기
잣	달걀	홍고추	두부
대파	은행	달걀	달걀
마늘	생강	찹쌀가루	밀가루
식초	대파	대파	대파
진간장	마늘	마늘	마늘
참기름	진간장	진간장	진간장
식용유	참기름	참기름	참기름
흰설탕	식용유	식용유	식용유
소금	흰설탕	흰설탕	흰설탕
깨소금	소금	소금	소금
검은후춧가루	깨소금	깨소금	깨소금
	검은후춧가루	검은후춧가루	검은후춧가루

규아상

요구사항	재료 및 분량
주어진 재료를 사용하여 다음과 같이 〔규아상〕을 만드시오. 1 표고버섯과 오이는 채 썰고 소고기는 다져서 사용하시오. 2 잣은 소에 넣으시오. 3 만두피는 지름 8cm 정도로 하여 6개를 만들고, 초간장을 곁들이시오.	밀가루 80g, 소고기 40g, 건표고버섯(불린 것) 1개, 오이 1/3개, 잣 10g, 대파, 마늘 진간장, 소금, 흰설탕, 식초, 깨소금, 참기름, 검은후춧가루, 식용유 – **소고기, 표고버섯 양념** : 진간장 1작은술, 흰설탕 1/2작은술, 다진 대파 1작은술, 다진 마늘 1/2작은술, 참기름 1작은술, 깨소금, 검은후춧가루 **초간장** : 진간장 1큰술, 흰설탕 1/2큰술, 식초 1/2큰술

만드는 법

1 밀가루는 소금물로 반죽하여 30분 정도 숙성시킨다.

2 표고버섯, 소고기는 5cm×0.2cm×0.2cm 크기로 채 썰어 양념한다.

3 오이는 돌려 깎아 4cm×0.2cm×0.2cm 크기로 채 썰어 소금에 살짝 절인 후 물기를 제거한다.

4 열이 오른 팬에 오이, 표고버섯, 소고기 순으로 볶은 후 섞어서 소를 만든다.

5 숙성된 밀가루반죽을 지름 8cm 원형으로 얇게 민다.

6 만두피 위에 소를 한 큰술 정도 놓고, 잣을 한 알 얹는다. 만두피를 반으로 접어 해삼 모양으로 등에 주름을 잡아가며 빚는다.

7 김이 오른 찜통에 규아상을 넣고 찐다.

8 규아상을 초간장과 함께 낸다.

1

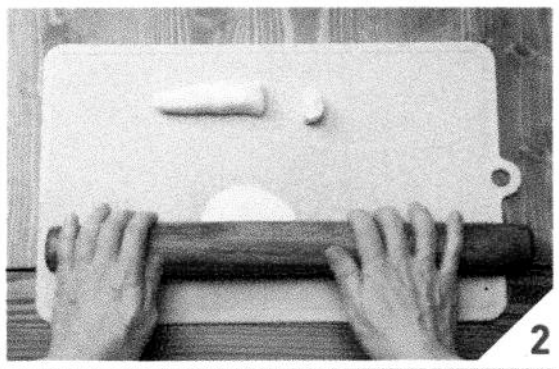
2

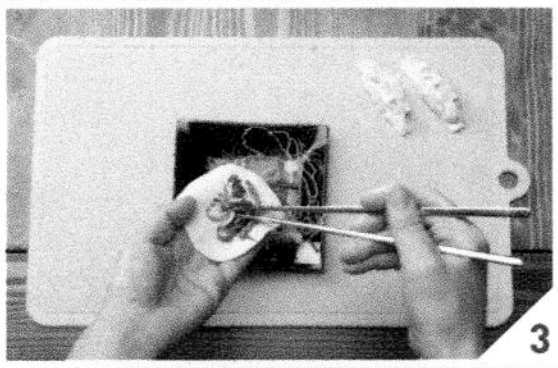
3

4

조리작업 순서

밀가루 반죽 ➡ 표고버섯, 소고기 채 썰어 양념하기 ➡ 오이 절이기 ➡ 재료(오이, 표고버섯, 소고기) 볶기 ➡ 만두피 만들기 ➡ 규아상 만들기 ➡ 찌기 ➡ 담기 ➡ 초간장 곁들이기

TIP

◈ 오이는 살짝 볶아 바로 식혀서 소로 넣어야 아삭한 식감이 살아있다.

닭찜

요구사항	재료 및 분량
주어진 재료를 사용하여 다음과 같이 〔닭찜〕을 만드시오. 1 닭은 4~5cm 정도의 크기로 토막을 내시오. 2 닭은 끓는 물에서 기름을 제거하여 사용하고, 토막 낸 닭은 부서지지 않게 조리하시오. 3 황 · 백지단은 완자(마름모꼴) 모양으로 만들어 각 2개씩 고명으로 얹으시오.	닭 1/2마리, 밤 2개, 당근 50g, 건표고버섯(불린 것) 1개, 달걀 1개, 은행 3개, 생강 20g, 대파, 마늘 진간장, 소금, 흰설탕, 깨소금, 참기름, 검은후춧가루, 식용유 – **양념장** : 물 2컵, 진간장 3큰술, 흰설탕 2큰술, 다진 대파 1큰술, 다진 마늘 1/2큰술, 다진 생강 1작은술, 참기름 2작은술, 검은후춧가루 **고명** : 황 · 백지단

만드는 법

1

2

3

4

1 닭은 내장을 빼고 깨끗이 손질하여 4~5cm 크기로 토막 낸다. 손질한 닭은 끓는 물에 데쳐 기름을 뺀다.

2 밤은 껍질을 깎아 찬물에 담가둔다.

3 당근은 4cm 크기로 썰어 모서리를 다듬는다.

4 불린 표고버섯은 크기에 따라 4cm 크기로 자른다.

5 달걀은 황 · 백지단을 부쳐 2cm×2cm의 마름모꼴로 썬다.

6 은행은 기름을 두른 팬에 볶은 후 껍질을 벗긴다.

7 양념장을 만든다.

8 닭고기와 당근, 양념장의 1/2을 넣고 센 불에서 끓인다.

9 닭이 어느 정도 익으면 표고버섯, 밤, 은행과 나머지 양념장을 넣어 약한 불에서 은근히 조린다.

10 국물이 자작하게 남았을 때 센 불에서 뚜껑을 열고 조린다.

11 닭찜을 그릇에 담고 황 · 백지단을 고명으로 얹는다.

조리작업 순서

닭 손질 ➡ 닭 데치기 ➡ 채소 손질 ➡ 황 · 백지단 ➡ 은행 볶기 ➡ 양념장 만들기 ➡ 찜하기(닭, 당근, 1/2 양념장 → 표고버섯, 밤, 1/2 양념장) ➡ 담기 ➡ 고명 얹기

TIP

◈ 간장 : 설탕 : 물의 비율을 1 : 0.7 : 9의 비율인 3큰술 : 2큰술 : 2컵의 비율로 맞춘다.

◈ 찜의 마지막 단계에 뚜껑을 열고 센 불로 가열하면 윤기가 난다.

월과채

요구사항	재료 및 분량
주어진 재료를 사용하여 다음과 같이 〔월과채〕를 만드시오. 1 애호박은 씨를 뺀 다음 눈썹 모양으로 썰고, 소고기는 다지고, 표고버섯, 홍고추, 달걀지단은 0.3cm×0.3cm×5cm 정도의 크기로 채 썰고 느타리버섯은 찢어서 사용하시오. 2 찹쌀가루는 전병을 부쳐 채소와 같은 길이로 만드시오.	애호박 1/2개, 느타리버섯 30g, 건표고버섯(불린 것) 1개, 소고기 30g, 홍고추 1/2개, 달걀 1개, 찹쌀가루(불려 빻은 것) 100g, 대파, 마늘 진간장, 소금, 흰설탕, 깨소금, 참기름, 검은후춧가루, 식용유 – **느타리버섯 양념** :소금 1/2작은술, 참기름 1/2작은술 **소고기, 표고버섯 양념** : 진간장 1작은술, 흰설탕 1/2작은술, 다진 대파 1/2작은술, 다진 마늘 1/4작은술, 참기름 1/2작은술, 깨소금, 검은후춧가루

❙ 만드는 법

1 애호박은 반 갈라 가운데 씨부분을 제거하고 눈썹 모양이 되도록 편으로 썬다. 손질한 호박은 소금에 절였다가 물기를 제거한다.

2 찹쌀가루는 체에 내려 소금을 넣고, 끓는 물로 익반죽한 후 비닐에 넣는다.

3 느타리버섯은 끓는 물에 소금을 넣고 데쳐 찬물에 씻는다. 데친 느타리버섯은 찢어서 물기를 제거하고 소금과 참기름으로 양념한다.

4 달걀지단을 부쳐 0.3cm×0.3cm×5cm 크기로 채 썬다.

5 홍고추, 표고버섯은 0.3cm×0.3cm×5cm 크기로 채 썬다. 소고기는 다진다.

6 표고버섯과 소고기를 양념한다.

7 찹쌀 반죽은 0.3cm×5cm×5cm로 지진다. 전병이 식으면 0.3cm×0.3cm×5cm 크기로 채 썬다.

8 열이 오른 팬에 애호박, 표고버섯, 느타리버섯, 소고기 순으로 볶는다.

9 넓은 접시에 느타리버섯, 애호박, 소고기, 표고버섯, 홍고추, 달걀지단, 찹쌀전병을 섞어 접시에 담는다.

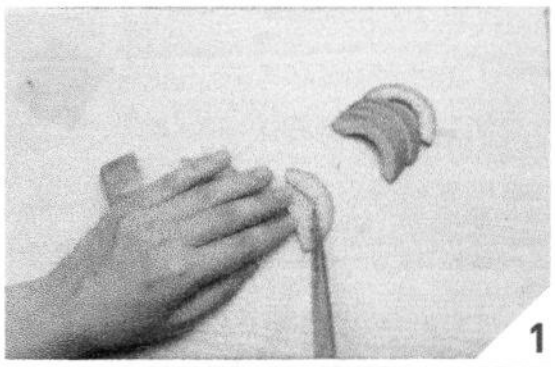
1

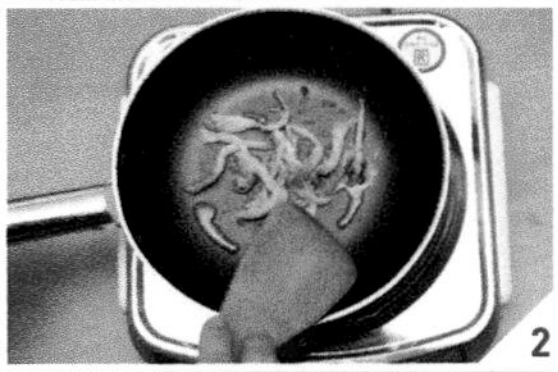
2

3

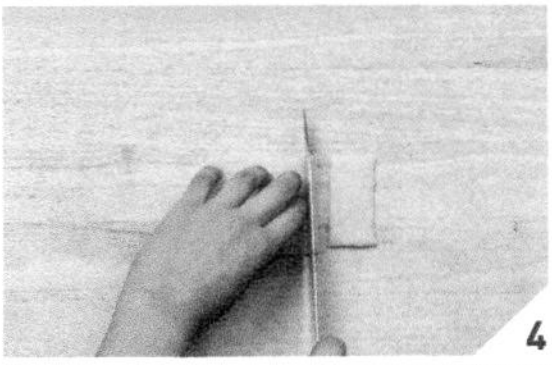
4

5

조리작업 순서

애호박 절이기 ➡ 찹쌀가루 익반죽하기 ➡ 느타리버섯 데치기 ➡ 달걀지단 부치기 ➡ 홍고추, 달걀지단, 표고버섯, 소고기 썰기 ➡ 표고버섯, 소고기 양념하기 ➡ 찹쌀전병 부치기 ➡ 애호박, 표고버섯, 느타리버섯, 소고기 볶기 ➡ 섞기 ➡ 담기

TIP

◈ 찹쌀전병은 자를 때 늘어나므로 규격보다 좀 작게 자르는 게 좋다.

모둠전(표고, 깻잎, 애호박)

요구사항	재료 및 분량
주어진 재료를 사용하여 다음과 같이 〔모둠전〕을 만드시오. 1 표고전은 표고버섯과 소를 각각 양념하여 사용하고 3개를 지져내시오. 2 깻잎전은 소고기, 두부를 소로 사용하여 길이로 맞붙여 3개 지져내시오. 3 애호박은 0.5cm 두께의 원형으로 썰어 5개 지져내시오.	건표고버섯(불린 것) 3개, 깻잎 3장, 애호박 1/2개, 소고기 50g, 두부 20g, 달걀 1개, 밀가루 40g, 대파, 마늘 진간장, 소금, 흰설탕, 깨소금, 참기름, 검은후춧가루, 식용유 – **소고기 양념(깻잎전, 표고전)** : 진간장 2/3큰술, 흰설탕 1/3큰술, 다진 대파 1/2작은술, 다진 마늘 1/4작은술, 참기름 1/2작은술, 깨소금, 검은후춧가루 **표고버섯 양념(표고전)** : 간장 1/2작은술, 흰설탕, 참기름

만드는 법

표고전

1 불린 표고버섯은 기둥을 떼고, 물기를 짜서 밑양념을 한다.

2 두부는 물기를 짜서 으깨고, 소고기는 다져서 두부와 섞어 양념한 후 잘 치댄다.

3 표고버섯 안쪽에 밀가루를 뿌리고, 양념한 소를 편편하게 채운다.

4 소가 있는 면만 밀가루, 달걀물 순서로 입혀 팬에 지져서 3개 담는다.

깻잎전

1 깻잎은 깨끗이 씻어 물기를 거둔 후 양쪽에 밀가루를 묻히고 털어낸다.

2 두부는 물기를 짜서 으깨고, 소고기는 다져서 두부와 섞어 양념한다.

3 깻잎 위에 소고기 양념한 것을 얄팍하게 붙인 후 깻잎을 반으로 접는다.

4 밀가루, 달걀물 순서로 묻히고, 팬에 지져서 3개 담는다.

애호박전

1 애호박은 둥근 모양 그대로 0.5cm 두께로 5개 썰어 소금을 뿌린다.

2 호박의 물기를 제거한 후 밀가루, 달걀물을 입혀 팬에 지져서 3개 담는다.

1

2

3

4

5

조리작업 순서

표고전 : 표고버섯 밑간 ➡ 두부 으깨기 ➡ 소고기 다지기 ➡ 소 양념하여 채우기 ➡ 밀가루, 달걀물 입히기 ➡ 지지기 ➡ 담기

깻잎전 : 깻잎 씻기 ➡ 두부 으깨기 ➡ 소고기 다지기 ➡ 소 양념하기 ➡ 깻잎에 소 채워 반으로 접기 ➡ 밀가루, 달걀물 입히기 ➡ 지지기

애호박전 : 애호박 썰기, 절이기 ➡ 물기 제거하기 ➡ 밀가루, 달걀물 입히기 ➡ 지지기

TIP

◈ 애호박의 가운데 씨 부분을 제거하고 고기를 넣어 지져내기도 한다.

어만두

소고기편채

오징어볶음

튀김(고구마, 새우)

| 총 지급재료

• 대구살(8×8cm 이상 껍질 있는 것)	200g	• 밀가루(박력분)	100g
• 건표고버섯(불린 것)	1개	• 달걀	1개
• 목이버섯	1장	• 잣	5g
• 오이	1/3개	• 대파(흰부분 4cm 정도)	1토막
• 숙주(생것)	30g	• 마늘	2쪽
• 소고기(우둔, 살코기)	180g	• 생강	20g
• 전분(감자전분)	30g	• 진간장	20mL
• 무순	20g	• 흰설탕	30g
• 깻잎	2장	• 소금	30g
• 붉은 파프리카	1/6개	• 깨소금	10g
• 찹쌀가루(방앗간에서 불려 빻은 것)	150g	• 참기름	10mL
• 겨잣가루	15g	• 고춧가루	15g
• 물오징어(250g 정도)	1마리	• 고추장	50g
• 풋고추(길이 5cm 이상)	1개	• 식초	20mL
• 홍고추	1개	• 검은후춧가루	3g
• 양파	1/2개	• 흰후춧가루	1g
• 고구마	100g	• 식용유	600mL
• 새우(30~40g, 껍질 있는 것)	3마리		

| 과제별 지급재료

1. 어만두	2. 소고기편채	3. 오징어볶음	4. 튀김
대구살	소고기	물오징어	고구마
건표고버섯	무순	풋고추	새우
목이버섯	깻잎	홍고추	밀가루
오이	양파	양파	달걀
숙주	붉은 파프리카	대파	잣
소고기	찹쌀가루	마늘	진간장
전분	겨잣가루	생강	흰설탕
대파	흰설탕	소금	식초
마늘	소금	진간장	식용유
생강	식초	흰설탕	
흰설탕	진간장	참기름	
깨소금	검은후춧가루	깨소금	
참기름	식용유	고춧가루	
흰후춧가루		고추장	
소금		검은후춧가루	
식용유		식용유	

어만두

요구사항	재료 및 분량
주어진 재료를 사용하여 다음과 같이 〔어만두〕를 만드시오. 1 생선살은 폭과 길이가 7cm 정도 되도록 하시오. 2 소고기는 곱게 다지고 표고버섯, 목이버섯, 오이는 채를 썰어 사용하시오. 3 숙주는 데쳐서 사용하시오. 4 어만두는 5개를 제출하시오.	대구살 200g, 건표고버섯(불린 것) 1개, 목이버섯 1장, 오이 1/3개, 숙주 30g, 소고기 60g, 전분 30g, 생강 10g, 대파, 마늘 흰후춧가루, 소금, 흰설탕, 깨소금, 참기름, 식용유 – **소** : 소고기 80g, 건표고버섯(불린 것) 1개, 숙주 30g, 오이 1/3개, 목이버섯 1장 **소고기, 표고, 목이버섯 양념 :** 진간장 2작은술, 흰설탕 1작은술, 다진 대파 1작은술, 다진 마늘 1/2작은술, 참기름 1작은술, 깨소금, 흰후춧가루

만드는 법

1 대구살은 폭과 길이 7cm 정도 크기로 포를 떠서 소금, 흰후춧가루를 뿌린다.

2 소고기는 곱게 다지고, 표고버섯, 목이버섯은 채 썰어 소고기와 함께 양념한다.

3 숙주는 다듬어 데치고, 오이는 돌려깎아 4cm 정도로 채 썰어 소금에 절인 후 물기를 제거한다.

4 소고기, 표고버섯, 목이버섯과 오이를 각각 볶은 후 숙주와 함께 섞어 만두소를 만든다.

5 대구살을 반듯하게 펴서 전분을 묻히고, 소를 놓아 동그랗게 만다. 어만두 표면에 다시 전분을 묻혀 수분이 흡수될 때까지 둔다.

6 김이 오른 찜통에 어만두를 넣고 10여 분 쪄서 5개 담아낸다.

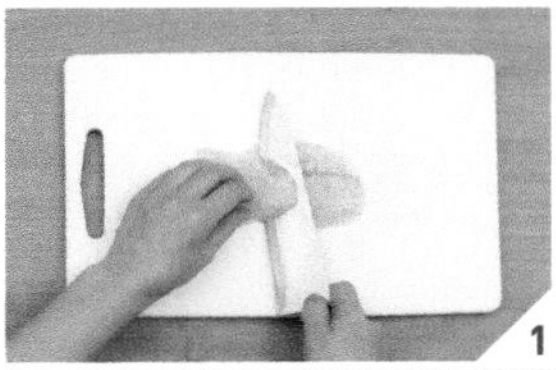

조리작업 순서

대구살 손질 ➡ 소고기 다지기 ➡ 버섯 채 썰기 ➡ 숙주 데치기 ➡ 오이 돌려깎기 ➡ 재료 볶기 ➡ 소 만들기 ➡ 대구살에 소 넣기 ➡ 어만두 찌기 ➡ 담기

TIP

◈ 대구살에 전분을 골고루 묻혀야 소를 넣고 쪄낸 후 어만두가 벌어지지 않는다.

소고기편채

요구사항	재료 및 분량
주어진 재료를 사용하여 다음과 같이 〔소고기편채〕를 만드시오. 1 소고기는 두께 0.2cm, 가로 9cm, 세로 8cm 정도로 얇게 썰고, 찹쌀가루를 사용하시오. 2 깻잎, 양파, 파프리카는 길이 3~4cm 정도, 두께 0.2cm 정도로 채 썰고 무순도 같은 길이로 써시오. 3 소고기편채는 4개 만들고 겨자장을 곁들이시오.	소고기 120g, 무순 20g, 깻잎 2장, 양파 1/4개, 붉은 파프리카 1/6개, 찹쌀가루(불려 빻은 것) 150g, 겨잣가루 15g 진간장, 소금, 흰설탕, 식초, 검은후춧가루, 식용유 – **겨자장** : 발효한 겨자 1/2큰술, 흰설탕 1큰술, 식초 1큰술, 물, 진간장, 소금

| 만드는 법

1 소고기는 9cm×8cm×0.2cm 정도로 얇게 4장을 썬다. 얇게 썬 쇠고기는 핏물을 제거한 다음 소금, 후춧가루로 밑간한다.

2 찹쌀가루를 체에 올려 소고기 앞뒤로 골고루 내려준 다음 손바닥으로 꼭꼭 누른다.

3 양파, 붉은 파프리카, 깻잎은 찬물에 담갔다가 물기를 제거한다. 전처리한 채소는 길이 3~4cm, 두께 0.2cm로 채 썬다. 무순은 3~4cm 길이로 잘라놓는다.

4 달궈진 팬에 소고기를 앞뒤로 익혀서 달라붙지 않도록 접시에 담는다.

5 익힌 소고기 위에 무순, 깻잎, 양파, 붉은 파프리카를 올려 돌돌말아 접시에 담고, 겨자장을 곁들인다.

1

2

3

4

조리작업 순서

소고기 손질 ➡ 찹쌀가루 묻히기 ➡ 채소 썰기 ➡ 소고기 지지기 ➡ 소고기편채 말기 ➡ 겨자장 만들기 ➡ 담기

TIP

◈ 소고기의 물기를 충분히 제거하고 찹쌀가루를 묻혀야 떨어지지 않는다.

오징어볶음

요구사항	재료 및 분량

요구사항

주어진 재료를 사용하여 다음과 같이 〔오징어볶음〕을 만드시오.

1. 오징어는 0.3cm 폭으로 어슷하게 칼집을 넣어 5cm×2cm 정도의 크기로 써시오.
   (단, 오징어 다리는 4cm 길이로 자른다.)
2. 고추, 파는 어슷썰기, 양파는 폭 1cm 정도로 썰어 사용하시오.

재료 및 분량

물오징어 1마리, 풋고추 1개, 홍고추 1개, 양파 1/4개, 생강 10g, 대파, 마늘
고추장, 고춧가루, 진간장, 소금, 흰설탕, 깨소금, 참기름, 검은후춧가루, 식용유

–

양념장 : 고추장 2큰술, 고춧가루 1큰술, 진간장 2작은술, 흰설탕 1큰술, 다진 마늘 2작은술, 다진 생강 1/2작은술, 검은후춧가루

마무리 : 참기름 1작은술, 깨소금 1작은술

❙ 만드는 법

1 오징어는 손질하여 대각선 방향으로 0.3cm 간격의 칼집을 넣어 5cm×2cm 크기로 썬다. 오징어 다리는 4cm 길이로 자른다.

2 양파는 1cm 폭으로 썬다.

3 대파는 0.7cm 두께로 어슷 썰고, 풋고추, 홍고추도 0.7cm 두께로 어슷 썰어 씨를 제거한다.

4 양념장을 만든다.

5 팬에 기름을 두르고 양파를 볶다가 오징어를 볶는다.

6 오징어가 익으면 양념장과 풋고추, 홍고추를 넣어 볶는다. 마지막에 대파를 넣고 참기름과 깨소금으로 마무리한다.

7 접시에 담아낸다.

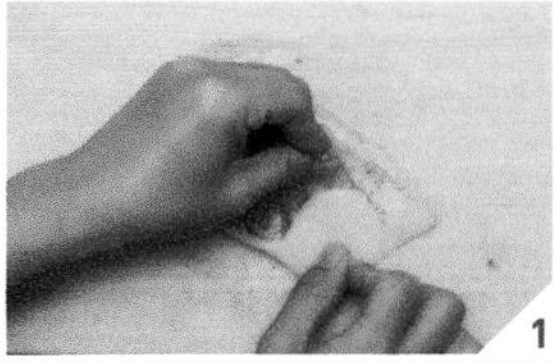
1

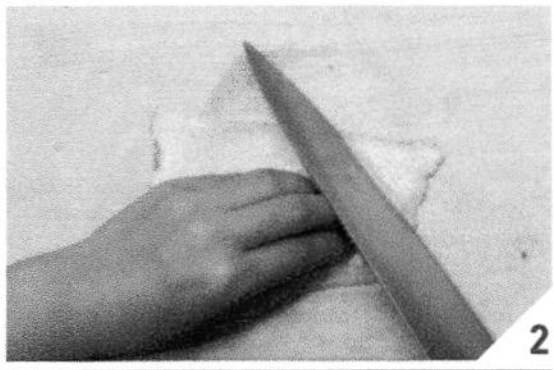
2

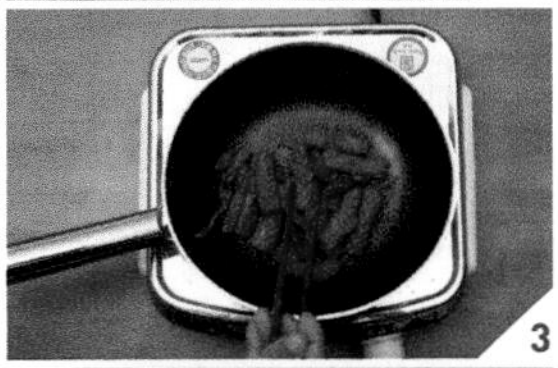
3

4

조리작업 순서

오징어 손질 ➡ 오징어 칼집 넣기 ➡ 양파 썰기 ➡ 대파, 고추 어슷썰기 ➡ 양념장 준비 ➡ 양파 볶기 ➡ 오징어 볶기 ➡ 양념장, 풋고추, 홍고추 넣기 ➡ 대파 넣기 ➡ 참기름, 깨소금 마무리 ➡ 담기

TIP

◈ 오징어 껍질은 위에서 아래로 벗겨야 잘 벗겨진다.

◈ 오징어 칼집은 오징어의 안쪽(내장이 있는 면)에 넣어야 한다. 칼은 뉘어서 어슷하게 넣어야 절단면이 넓어서 익은 후 말아진 모양이 예쁘다.

◈ 양념을 넣기 전에는 센 불에 볶아서 수분이 나오지 않게 해야 한다. 양념장을 넣은 후에는 불을 줄여야 양념이 잘 배고 눌어붙지 않는다.

튀김(고구마, 새우)

요구사항	재료 및 분량
주어진 재료를 사용하여 다음과 같이 〔튀김〕을 만드시오. 1 고구마는 0.3cm 두께 원형으로 잘라 전분기를 제거하여 사용하시오. 2 새우는 내장을 제거하고 구부러지지 않게 튀기시오. 3 밀가루와 달걀을 섞어 반죽을 만들고, 튀김은 각 3개씩 제출하시오. 4 초간장에 잣가루를 뿌려 곁들여 내시오.	고구마 100g, 새우 3마리, 밀가루 100g, 달걀 1개, 잣 5g 진간장, 흰설탕, 식초, 식용유 – **튀김 반죽** : 밀가루 100g, 달걀 1개, 찬물 1/3컵 **초간장** : 진간장 1큰술, 흰설탕 1/2큰술, 식초 1/2큰술, 잣가루

❙ 만드는 법

1 고구마는 0.3cm 두께의 원형으로 3개 썬다. 자른 고구마는 찬물에 담가 전분을 뺀 다음 물기를 제거한다.

2 새우는 머리와 내장, 꼬리의 수포를 제거한다. 새우의 껍질을 꼬리쪽 한 마디만 남기고 벗긴다.

3 새우는 마디마디 칼집을 넣어 평평하게 하여 소금과 흰후춧가루로 간한다.

4 달걀의 알끈을 제거하고 물 1/2컵을 넣어 잘 섞는다. 달걀물에 체에 친 밀가루를 넣어 튀김옷을 만든다.

5 고구마와 새우에 밀가루를 묻힌 다음 튀김옷을 입혀 튀긴다.

6 잣은 곱게 다져 초간장에 잣가루를 올린다.

7 접시에 튀김을 담고, 초간장을 곁들여 낸다.

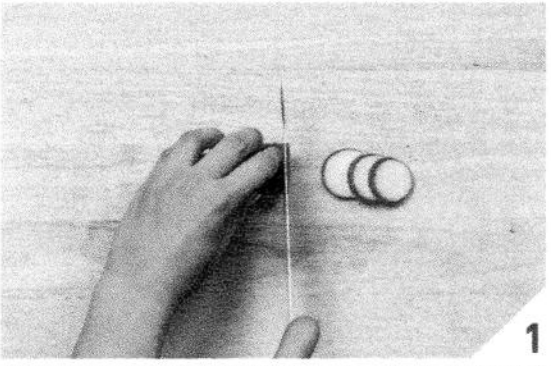
1

2

3

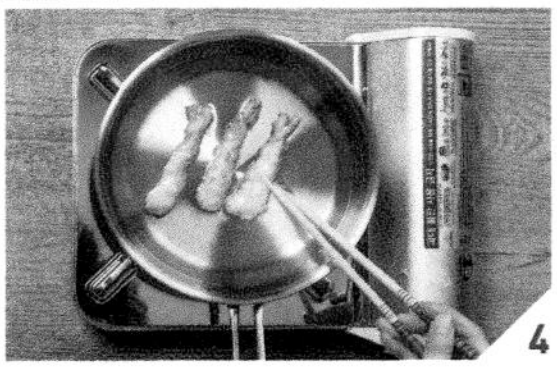
4

조리작업 순서

고구마 썰어 찬물 담그기 ➡ 새우 손질 ➡ 튀김옷 만들기 ➡ 튀기기(밀가루–튀김옷) ➡ 초간장에 잣가루 뿌리기 ➡ 담기

TIP

◈ 튀김 반죽 시 약간의 덧가루를 남겨서 재료를 묻힐 수 있도록 한다.

◈ 튀김 반죽을 만들 때 젓가락으로 너무 휘젓지 않아야 바삭한 튀김이 될 수 있다.

◈ 튀길 때 고구마 - 새우 순으로 튀긴다.

◈ 튀김재료에 물기가 없어야 하며 반죽은 얇지 않게 묻혀야 모양이 좋다.

7형

어선

소고기전골

보쌈김치

섭산삼

총 지급재료

동태(500~800g 정도)	1마리	통더덕(중)	4개
달걀	2개	찹쌀가루(방앗간에서 불려 빻은 것)	50g
건표고버섯(불린 것)	5개	새우젓	20g
오이	1/3개	양파	1/4개
전분(감자전분)	30g	실파	50g
소고기(우둔, 살코기)	70g	대파(흰부분 4cm 정도)	1토막
소고기(사태)	30g	마늘	3쪽
숙주(생것)	50g	생강	20g
당근	1개	진간장	20mL
절인 배추(50g 정도)	1/6포기	흰설탕	20g
무(길이 5cm 이상)	100g	소금	30g
밤(껍질 깐 것)	1개	깨소금	5g
배(중)	1/8개	참기름	10mL
미나리(줄기 부분)	30g	식초	10mL
갓	20g	고춧가루	20g
건대추	1개	검은후춧가루	3g
석이버섯	1g	흰후춧가루	1g
잣	15g	식용유	500mL
생굴(껍질 벗긴 것)	20g		
낙지다리(다리 1개 정도)	50g		

과제별 지급재료

1. 어선	2. 소고기전골	3. 보쌈김치	4. 섭산삼
동태	소고기(우둔)	절인 배추	더덕
오이	소고기(사태)	무	찹쌀가루
당근	건표고버섯	밤	소금
건표고버섯	숙주	배	식용유
달걀	무	실파	
전분	당근	갓	
소금	양파	미나리	
흰후춧가루	실파	건대추	
생강	달걀	석이버섯	
진간장	잣	마늘	
흰설탕	대파	잣	
참기름	마늘	생굴	
식초	진간장	낙지다리	
식용유	흰설탕	고춧가루	
	깨소금	소금	
	참기름	생강	
	소금	새우젓	
	검은후춧가루		

어선

요구사항	재료 및 분량
주어진 재료를 사용하여 다음과 같이 〔어선〕을 만드시오. 1 생선살은 어슷하게 포를 떠서 사용하시오. 2 돌려 깎은 오이, 당근, 표고버섯은 채 썰어 볶아 사용하고, 달걀은 황 · 백지단채로 사용하시오. 3 속재료가 중앙에 위치하도록 하여 지름은 3cm 정도, 두께는 2cm 정도로 6개를 만드시오. 4 초간장을 곁들이시오.	동태 1마리, 오이 1/3개, 당근 1/2개, 건표고버섯(불린 것) 2개, 달걀 1개, 전분 30g, 생강 10g 흰후춧가루, 진간장, 소금, 흰설탕, 식초, 참기름, 식용유 – **건표고버섯 양념** : 진간장 1/2작은술, 흰설탕 1/4작은술, 참기름 1/4작은술 **초간장** : 진간장 1큰술, 흰설탕 1/2큰술, 식초 1/2큰술

만드는 법

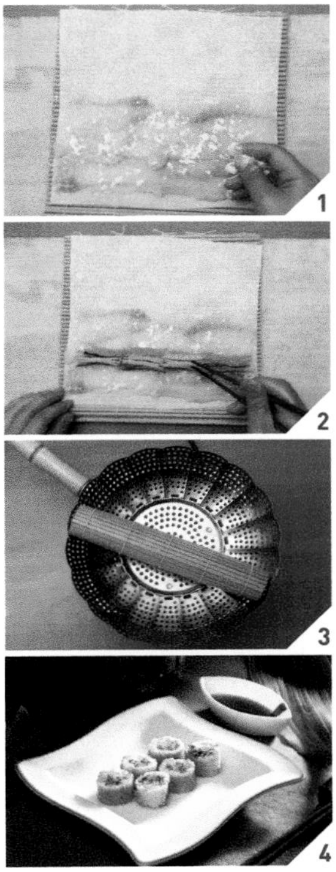

1 동태는 3장 뜨기를 한 후 0.2cm 두께로 고르게 포를 떠서 생강즙, 소금, 흰 후춧가루로 간한다.

2 오이는 돌려깎기 한 후 5cm×0.3cm×0.3cm 크기로 채 썰어 소금에 절여서 물기를 짠다.

3 당근은 5cm×0.3cm×0.3cm 크기로 채 썬다.

4 표고버섯은 5cm×0.3cm×0.3cm 크기로 채 썰어 양념한다.

5 황 · 백지단을 부쳐서 5cm×0.3cm×0.3cm 크기로 채 썬다.

6 팬을 달구어 오이, 당근, 표고 순으로 볶는다.

7 도마에 김발, 젖은 면포 순서로 깐 다음, 생선살을 펴고 전분을 뿌린다. 생선살 위에 오이채, 당근채, 표고버섯채, 황 · 백지단채를 길게 놓고 지름이 3cm 되도록 만다.

8 김이 오른 찜통에 10분 정도 쪄낸다. 쪄낸 어선은 식혀서 두께 2cm 길이로 썰어서 6개 담는다.

9 초간장을 곁들인다.

조리작업 순서

생선살 떠서 간하기 ➡ 채소 채 썰기(오이, 당근, 표고) ➡ 황 · 백지단 채 썰기 ➡ 채소 볶기 ➡ 어선 만들기(김발 → 면포 → 생선 → 전분 → 소 → 말기) ➡ 찌기 ➡ 초간장 만들기 ➡ 썰기 ➡ 담기

TIP

◈ 생선살은 껍질 쪽이 위로 오도록, 생선살의 결이 가로가 되도록 편다.

◈ 어선이 덜 식었는데 썰어야 할 경우, 포일로 싸서 썰면 부서지지 않고 매끈하게 썰 수 있다.

소고기전골

요구사항	재료 및 분량
주어진 재료를 사용하여 다음과 같이 〔소고기전골〕을 만드시오. 1 소고기는 육수와 전골용으로 나누어 사용하시오. 2 전골용 소고기는 0.5cm×0.5cm×5cm 정도 크기로 썰어 양념하여 사용하시오. 3 양파는 0.5cm 정도 폭으로, 실파는 5cm 정도 길이로, 나머지 채소는 0.5cm×0.5cm×5cm 정도 크기로 채 썰고, 숙주는 거두절미하여 데쳐서 양념하시오. 4 모든 재료를 돌려 담아 소고기를 중앙에 놓고 육수를 부어 끓인 후 달걀을 올려 반숙이 되게 끓여 잣을 얹어내시오.	소고기(우둔) 70g, 소고기(사태) 30g, 건표고버섯(불린 것) 3장, 숙주(생것) 50g, 무 60g, 당근 1/2개, 양파 1/4개, 실파 30g, 달걀 1개, 잣 5g, 대파, 마늘 진간장, 소금, 흰설탕, 깨소금, 참기름, 검은후춧가루 – **소고기, 표고버섯 양념** : 진간장 1큰술, 흰설탕 1/2큰술, 다진 대파 1작은술, 다진 마늘 1/2작은술, 참기름 1/2작은술, 검은후춧가루 **숙주 양념** : 소금 1/2작은술, 참기름 1/2작은술 **육수 끓이기** : 소고기(사태), 물 4컵, 대파, 마늘 **육수 간하기** : 육수 3컵, 진간장 1/2작은술, 소금 1작은술 **고명** : 잣

만드는 법

1 소고기(사태)는 찬물(4컵)에 대파, 마늘을 넣어 육수를 끓인다.

2 소고기(우둔)와 표고버섯은 0.5cm×0.5cm×5cm 크기로 채 썰어 양념한다.

3 무, 당근, 양파는 0.5cm×0.5cm×5cm 크기로 채 썰고, 실파는 5cm 길이로 썬다.

4 숙주는 거두절미하고 데쳐서 소금, 참기름으로 양념한다.

5 달걀은 노른자가 터지지 않도록 껍질을 잘 분리한다.

6 육수는 면포에 걸러서 소금과 진간장으로 간하여 한번 더 끓인다.

7 냄비에 준비한 재료를 돌려 담는다. 양념한 소고기를 중앙에 놓고 육수를 부어 끓인다.

8 달걀을 올려 반숙이 되게 끓인 후 잣을 고명으로 얹어낸다.

1

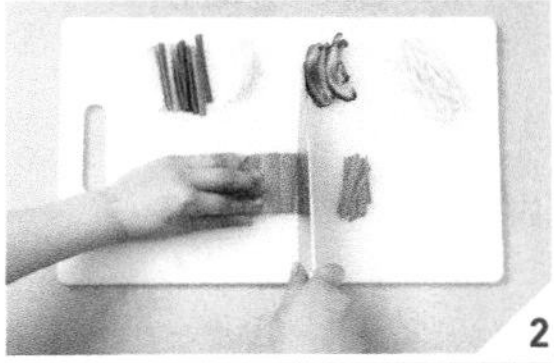

2

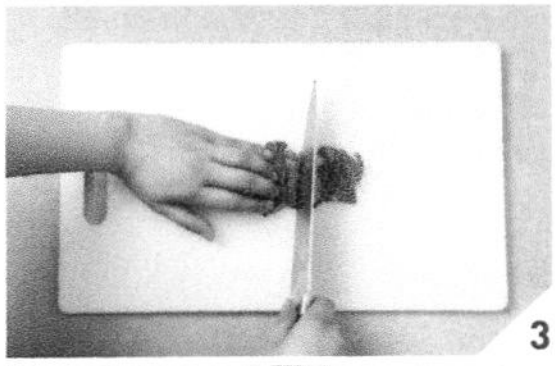

3

4

조리작업 순서

육수 끓이기 ➡ 소고기, 표고버섯 썰어 양념하기 ➡ 채소 썰기 ➡ 숙주 데쳐 양념하기 ➡ 냄비에 재료 담기 ➡ 전골 끓이기 ➡ 달걀 얹기 ➡잣 얹기

TIP

- 숙주를 너무 많이 데치지 않도록 한다.
- 냄비에 양념한 소고기를 놓을 때 달걀이 소고거 사이의 틈새로 빠져나갈 수 있으니 빈틈없이 놓는다.

보쌈김치

요구사항	재료 및 분량
주어진 재료를 사용하여 다음과 같이 〔보쌈김치〕를 만드시오. 1 김치 속재료는 3cm 정도로 하고, 무 · 배추는 나박썰기, 배 · 밤은 편썰기 하시오. 2 그릇 바닥을 배추로 덮은 후 내용물을 담아, 내용물이 보이도록 제출하시오. 3 보쌈김치에 국물을 만들어 부으시오. 4 석이버섯, 대추, 잣은 고명으로 얹으시오.	절인 배추(50g 정도) 1/6포기, 무(길이 5cm 이상) 40g, 밤(껍질 깐 것) 1개, 배(중) 1/8개, 실파 20g, 갓 20g, 미나리 30g, 건대추 1개, 석이버섯 1g, 생굴(껍질 벗긴 것) 20g, 낙지다리(다리 1개, 해동) 50g, 새우젓 20g, 생강 10g, 잣, 마늘, 고춧가루 20g, 소금 — **김치 양념** : 고춧가루 2큰술, 다진 마늘 1작은술, 다진 생강 1작은술, 소금 1/2작은술, 새우젓 1큰술, 깨소금 1작은술 **고명** : 석이채, 대추채, 잣

만드는 법

1 절인 배추는 잎 부분은 보자기용으로 자르고, 줄기 부분은 3cm×3cm×0.3cm 크기로 썬다.

2 무와 배는 배추와 같이 3cm×3cm×0.3cm 크기로 나박썬다. 무는 살짝 절이고 배는 엷은 소금물에 담근다.

3 갓, 미나리, 실파는 3cm 길이로 썬다.

4 밤은 편으로 썰고, 대추와 석이버섯은 곱게 채 썰고, 잣은 고깔을 뗀다.

5 굴은 소금물에 씻어 물기를 빼고, 낙지는 소금으로 주물러 씻어 3cm 길이로 자른다.

6 김치양념을 만든다.

7 배추와 무에 김치 양념을 넣어 버무린다. 이어서 부재료인 갓, 미나리, 실파, 배, 굴, 낙지다리를 넣고 버무리면서 소금으로 간하여 속을 만든다.

8 오목한 그릇에 배추잎을 깔고 양념한 속을 소복하게 담는다.

9 배추잎의 가장자리를 정리하고, 김치 위에 석이채, 대추채, 잣을 고명으로 얹는다.

10 김치속을 버무린 그릇에 약간의 물을 붓고 소금간한 국물을 보쌈김치에 붓는다.

조리작업 순서

석이버섯 불리기 ➡ 배추 잎과 줄기 부분 썰기 ➡ 무, 배 썰고 절이기 ➡ 부재료 썰기(푸른 채소, 해물, 고명) ➡ 양념 만들기 ➡ 배추, 무 양념에 버무리기 ➡ 부재료 첨가하기 ➡ 보쌈 만들기 ➡ 배추잎 정리 ➡ 고명 얹기 ➡ 김치 국물 붓기

TIP

- 보쌈김치는 여러 가지 소를 넣고 배추잎으로 보자기 싸듯 싸서 만든 김치이다.
- 개성지방 향토음식의 하나이다.

섭산삼

요구사항	재료 및 분량
주어진 재료를 사용하여 다음과 같이 〔섭산삼〕을 만드시오. 1 더덕은 끊어지지 않게 잘 펴시오. 2 찹쌀가루를 골고루 묻혀 바삭하게 튀겨 전량 제출하시오.	통더덕(중) 4개, 찹쌀가루(불려 빻은 것) 50g 소금, 식용유

만드는 법

1 더덕은 껍질을 돌려가며 벗기고, 반으로 갈라서 소금물에 담근다.

2 손질된 더덕은 물기를 닦고 방망이로 자근자근 두드려 편다.

3 더덕에 체에 친 찹쌀가루를 고루 묻힌다.

4 기름이 160~170℃로 오르면 찹쌀가루를 묻힌 더덕을 타지 않게 튀겨낸다.

5 튀긴 더덕이 식으면 접시에 담아낸다.

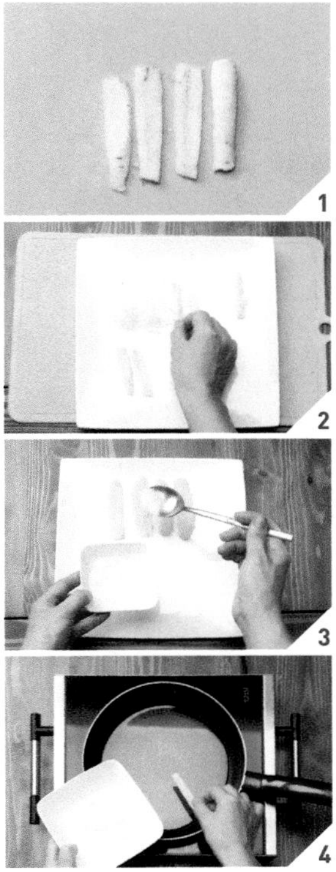

조리작업 순서

통더덕 손질 ➡ 소금물에 담그기 ➡ 두드려 펴기 ➡ 찹쌀가루 묻히기 ➡ 튀기기 ➡ 담기

TIP

◈ 섭산삼은 두들겼다는 의미에서 '섭'을 붙였으며 산삼만큼 몸에 좋다 하여 붙여진 이름이다.

8형

오징어순대

우엉잡채

제육구이

매작과

총 지급재료

오징어(250g 정도)	1마리	대파(흰부분 4cm 정도)	2토막
찹쌀(불린 것)	40g	마늘	3쪽
숙주(생것)	40g	생강	50g
달걀	1개	진간장	30mL
두부	30g	흰설탕	60g
돼지고기(등심 또는 볼깃살)	150g	소금	20g
우엉	120g	깨소금	10g
소고기(우둔)	50g	참기름	20mL
건표고버섯(불린 것)	2장	고추장	40g
당근	50g	검은후춧가루	3g
밀가루(중력분)	110g	식용유	150mL
풋고추	1개		
홍고추	1개		
양파	1/4개		
잣	5g		
산적꼬치(10cm 정도)	2개		
물엿	50g		
깨소금	10g		

과제별 지급재료

1. 오징어순대	2. 우엉잡채	3. 제육구이	4. 매작과
오징어	우엉	돼지고기	밀가루
찹쌀	소고기	고추장	생강
숙주	건표고버섯	진간장	잣
달걀	풋고추	대파	식용유
두부	홍고추	마늘	소금
밀가루	당근	검은후춧가루	흰설탕
풋고추	물엿	흰설탕	
홍고추	양파	깨소금	
양파	진간장	참기름	
대파	대파	생강	
마늘	마늘	식용유	
흰설탕	검은후춧가루		
검은후춧가루	깨소금		
깨소금	참기름		
참기름	흰설탕		
소금	식용유		
산적꼬치			

오징어순대

요구사항	재료 및 분량
주어진 재료를 사용하여 다음과 같이 〔오징어순대〕를 만드시오. 1 소는 오징어다리, 찐 찰밥, 두부, 숙주, 양파, 풋고추, 홍고추를 양념하여 사용하시오. 2 양파, 숙주, 풋고추, 홍고추는 가로, 세로 0.3cm 정도로 다져서 사용하고, 두부는 으깨어 물기를 제거하여 사용하시오. 3 오징어순대는 폭 1cm로 썰어 전량 제출하시오.	오징어(250g 정도) 1마리, 찹쌀(불린 것) 40g , 숙주(생것) 40g, 달걀 1개, 두부 30g, 밀가루 10g, 풋고추 1/2개, 홍고추 1/2개, 양파 1/8개, 대파, 마늘, 산적꼬치 소금, 흰설탕, 깨소금, 참기름, 검은후춧가루 — **소 양념** : 소금 1/2작은술, 흰설탕 1/3작은술, 다진 대파와 마늘, 깨소금, 검은 후춧가루

만드는 법

1 김이 오른 찜기에 불린 찹쌀을 15분간 찐 다음 5분 정도 뜸을 들인다.

2 숙주는 거두절미하고 끓는 물에 10초간 데쳐서 0.3cm로 다진다. 참기름, 소금으로 밑간한다.

3 두부는 면포에 싸서 물기를 제거하여 으깬다.

4 풋고추, 홍고추, 양파는 가로, 세로 0.3cm로 다진다.

5 오징어는 내장을 분리하고 몸통 안의 내장을 제거한 후 깨끗이 씻는다.

6 오징어 다리에 칼집을 넣어 눈과 입을 제거하고 소금으로 씻는다. 씻은 오징어 다리는 살짝 데쳐 0.3cm 크기로 다진다.

7 찹쌀, 두부, 채소와 오징어 다리를 모두 넣고 달걀흰자 1큰술과 양념을 넣어 잘 섞는다.

8 오징어 안쪽의 물기를 잘 닦아내고 밀가루 1큰술을 넣어 입구를 막고 흔들어서 골고루 밀가루가 묻도록 한다.

9 오징어의 안쪽에 소를 꾹꾹 눌러 담아 단단하게 채운다.

10 산적꼬치로 몸통의 군데군데 찔러서 숨구멍을 낸 다음 입구는 산적꼬치로 고정한다. 오징어 순대는 김이 오른 찜기에 8~9분간 찐다.

11 오징어 순대가 한 김 식으면 1cm 두께로 썰어서 접시에 전량 담는다.

1

2

3

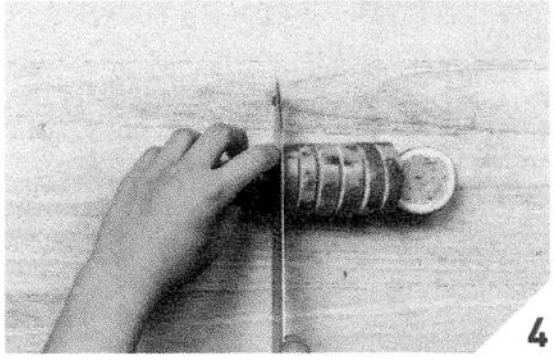
4

조리작업 순서

찹쌀 찌기 ➡ 채소(숙주, 고추, 양파) 다지기 ➡ 두부 으깨기 ➡ 오징어 손질 ➡ 소 만들기 ➡ 소 넣기 ➡ 찌기 ➡ 썰기

TIP

◈ 소를 넣을 때 오징어 안쪽에 밀가루를 고루 묻힌 다음 소를 꾹꾹 눌러 넣어야 완성된 모양이 예쁘다.

우엉잡채

요구사항	재료 및 분량
주어진 재료를 사용하여 다음과 같이 〔우엉잡채〕를 만드시오. 1 재료는 0.2cm×0.2cm×6cm 정도 크기로 채 썰어 사용하시오. 2 우엉은 조림장으로 조려 사용하시오. 3 각각 볶아진 재료를 고르게 무쳐 담아내시오.	우엉 120g, 소고기(우둔) 50g, 건표고버섯(불린 것) 2장, 풋고추 1/2개, 홍고추 1/2개, 당근 50g, 양파 1/8개, 대파, 마늘 물엿 50g, 진간장, 흰설탕, 깨소금, 참기름, 검은후춧가루, 식용유 – **소고기, 표고버섯 양념 :** 진간장 2작은술, 흰설탕 1작은술, 다진 대파 1작은술, 다진 마늘 1/2작은술, 참기름 1작은술, 검은후춧가루 **우엉 조림장** : 진간장 1큰술, 흰설탕 1/3큰술, 물엿 1큰술, 물 1큰술 **잡채 양념** : 참기름 1/2큰술, 깨소금 1작은술

만드는 법

1 우엉은 껍질을 깎아서 찬물에 씻은 다음, 0.2cm×0.2cm×6cm로 썰어 끓는 물에 데친다.

2 당근, 풋고추, 홍고추, 양파는 0.2cm×0.2cm×6cm로 채 썬다.

3 표고버섯과 소고기는 0.2cm×0.2cm×6cm로 채 썰어 양념한다.

4 우엉조림장을 만든다.

5 양파, 풋고추, 홍고추, 당근, 표고버섯, 소고기를 각각 볶는다.

6 팬에 우엉과 조림장을 넣어 타지 않게 조리다가, 양념장이 졸아들면 불을 끄고 넓은 접시에 식힌다.

7 우엉과 부재료를 한데 섞으면서 깨소금과 참기름을 넣어 접시에 담는다.

조리작업 순서

우엉 채 썰기 ➡ 채소 썰기 ➡ 표고, 소고기 썰기 ➡ 우엉 데치기 ➡ 우엉 양념장 만들기 ➡ 채소, 고기 볶기 ➡ 우엉 조리기 ➡ 섞기 ➡ 담기

TIP

◈ 우엉채는 여러 번 헹구어서 찬물에 담갔다 쓰거나, 데치면 갈변을 예방할 수 있다.

제육구이

요구사항	재료 및 분량
주어진 재료를 사용하여 다음과 같이 〔제육구이〕를 만드시오. 1 완성된 제육구이의 두께는 0.4cm×4cm×5cm 정도 크기로 8쪽 만드시오. 2 고추장 양념으로 하여 석쇠에 구우시오.	돼지고기(등심 또는 볼깃살) 150g, 생강 20g, 대파, 마늘 고추장 40g, 진간장, 흰설탕, 깨소금, 참기름, 검은후춧가루, 식용유 **돼지고기 양념** : 고추장 1큰술, 흰설탕 1/2큰술, 진간장 1/3작은술, 다진 대파 1작은술, 다진 마늘 1/2작은술, 다진 생강 1/4작은술, 참기름 1작은술, 깨소금 1작은술, 검은후춧가루, 물 1작은술

만드는 법

1 돼지고기는 5cm×6cm×0.3cm 크기로 8쪽 썰어 앞뒤로 잔칼집을 넣는다.

2 대파, 마늘, 생강을 다져 고추장 양념을 만든다.

3 손질한 돼지고기를 양념장에 버무려 재워둔다.

4 석쇠를 달구어 기름을 바른 후 고기가 타지 않게 굽는다.

5 구워진 돼지고기를 8쪽 담아낸다.

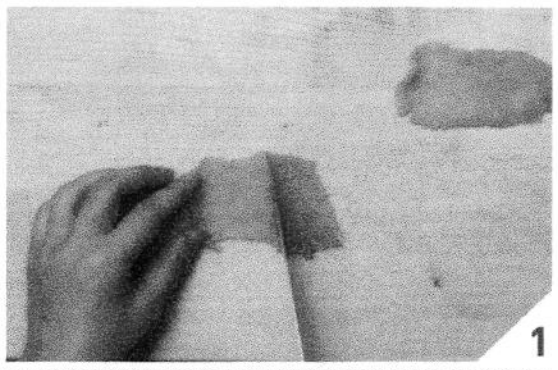
1

2

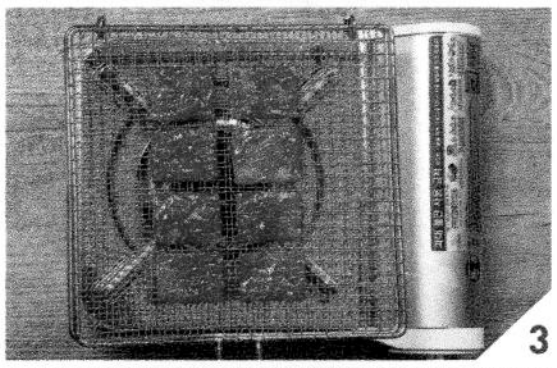
3

4

조리작업 순서

고기 썰기 ➡ 양념장 만들기 ➡ 고기 버무려 재우기 ➡ 석쇠 굽기 ➡ 8쪽 담기

TIP

◈ 고추장을 이용한 구이 양념에 간장을 약간 넣으면 더 먹음직스러운 색이 난다.

◈ 고추장 양념구이는 타기 쉬우므로 불 조절에 유의한다.

매작과

요구사항	재료 및 분량
주어진 재료를 사용하여 다음과 같이 〔매작과〕를 만드시오. 1 매작과 완성품의 크기는 5cm×2cm×0.3cm 정도로 균일하게 만드시오. 2 매작과 모양은 중앙에 세 군데 칼집을 넣으시오. 3 시럽을 사용하고 잣가루를 뿌려 10개를 제출하시오.	밀가루100g, 생강 30g, 잣 5g 소금, 흰설탕, 식용유 – **매작과 반죽** : 밀가루 90g, 생강물 2큰술, 소금 1/3작은술 **시럽** : 흰설탕 1/3컵, 물 1/3컵 **고명** : 잣가루

| 만드는 법

1 생강은 껍질을 벗겨 강판에 갈아 즙을 낸다.

2 덧가루용 밀가루를 남기고 생강즙과 소금으로 되직하게 반죽하여 비닐봉지에 싸둔다.

3 물과 설탕을 동량으로 하여 중불에서 서서히 1/2 정도 될 때까지 끓여 시럽을 만든다.

4 잣은 고깔을 떼고, 종이 위에 놓고 곱게 다져 잣가루를 만든다.

5 반죽을 밀대로 밀어 2cm×5cm×0.3cm 크기로 자른다. 직사각형 모양의 반죽 중심에 칼집을 세 개 내고, 한가운데로 한 번만 뒤집는다.

6 기름의 온도를 150℃로 하여 매작과를 노릇하게 튀긴다.

7 시럽에 담갔다가 건져 접시에 10개 담고 잣가루를 뿌린다.

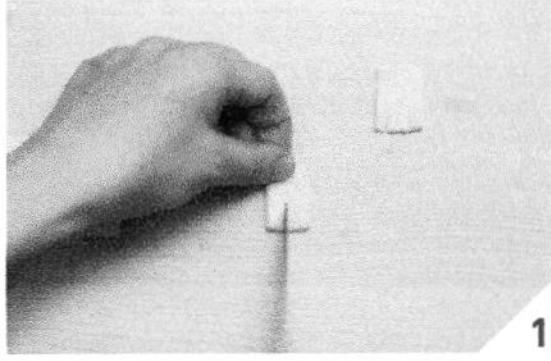
1

2

3

4

조리작업 순서

생강즙 내기 ➡ 밀가루 반죽 ➡ 시럽 만들기 ➡ 잣가루 만들기 ➡ 반죽 밀기 ➡ 성형하기 ➡ 튀기기 ➡ 시럽에 담갔다가 꺼내기 ➡ 잣가루 뿌리기

TIP

- 튀길 때 매작과의 가운데 부분을 젓가락으로 잡아주면 틈이 벌어지지 않는다.
- 기름 속에 있을 때보다 건져낸 후에 색이 더 진해진다.
- 매작과가 너무 두꺼우면 바삭한 맛이 없다.

PART 2

4. 고급 한식조리

Korean-style food

대추죽

재료 및 분량

쌀 1/2컵, 대추 1컵, 물 6컵,
소금 약간, 계핏가루 약간

만드는 법

1 쌀을 씻어 충분히 불린 후 믹서에 갈아 체에 밭쳐 놓는다.

2 대추는 찬물에 재빨리 씻어서 물 2컵을 부어 끓인다. 대추 살이 무르면 체에 걸러서 씨와 껍질을 발라낸다.

3 대추물과 남은 물을 합하여 먼저 끓이다가 갈아 놓은 쌀물을 넣고 나무주걱으로 저으면서 끓인다.

4 한 번 끓어오르면 약불에서 죽이 잘 어우러지도록 끓인 후 소금으로 간한다.

5 불을 끄고 계핏가루를 뿌린다.

1

2

3

조리작업 순서

쌀 불려서 갈기 ➡ 대추 삶아 거르기 ➡ 대추물 끓이기 ➡ 쌀물 넣고 끓이기 ➡ 계핏가루 뿌리기

호박죽

재료 및 분량

천둥호박 400g(물 1컵), 찹쌀가루 1/4컵(물 1컵),
설탕 1큰술, 소금 1작은술,
양대콩 50g(물 1/2컵, 소금, 설탕 각 1/4작은술)

| 만드는 법

1 호박은 껍질과 씨를 제거하고 부드럽게 삶은 후 물과 함께 체에 내린다.

2 찹쌀가루는 물에 풀어 체에 내린다.

3 양대콩은 충분히 불린 후 부드럽게 삶아 설탕, 소금을 넣고 조린다.

4 ①의 호박물을 넣고 끓이다가 ②의 찹쌀가루 물을 넣어 농도를 조절한다.

5 조린 양대콩을 넣고 설탕과 소금으로 간을 한다.

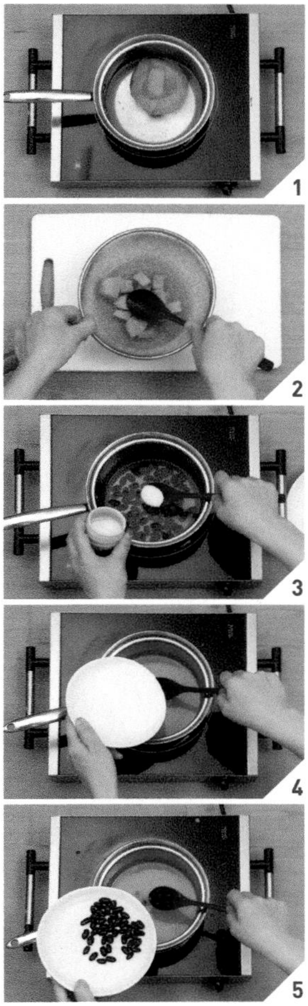

조리작업 순서

호박 삶기 ➡ 체에 내리기 ➡ 찹쌀가루 풀기 ➡ 양대콩 삶기 ➡ 호박물 끓이기 ➡ 찹쌀가루 물로 농도조절
➡ 양대콩 넣기 ➡ 설탕, 소금 간하기

석류탕

재료 및 분량

밀가루 1컵, 소고기 150g, 닭살 100g, 건표고버섯 2장, 두부 50g, 무 100g, 미나리 30g, 숙주 50g, 달걀 1개

–

만두피 : 밀가루 1컵, 소금 1/4작은술, 물 3큰술
소 양념 : 소금 1/2작은술, 파 1/2작은술, 마늘 1/2작은술, 깨소금 1작은술, 참기름 1작은술, 검은후춧가루
육수 간하기 : 육수 2컵, 간장 1/2작은술, 소금 1작은술
고명 : 황 · 백지단

만드는 법

1 밀가루는 반죽하여 지름 6cm의 원형으로 얇게 민다.

2 소고기 100g은 육수를 끓인다.

3 소고기 50g과 닭살은 곱게 다지고 표고는 불려서 곱게 채 썬다.

4 두부는 물기를 짜서 으깨고, 무는 곱게 채 썰어 데쳐낸 후 물기를 꼭 짠다.

5 미나리와 숙주는 데쳐서 송송 썬 다음 물기를 꼭 짠다.

6 준비한 재료를 합해 만두소 양념을 넣고 잘 섞는다.

7 준비한 만두피에 소를 조금씩 얹고 잣을 하나씩 올린 다음 양손으로 가운데를 모아 주머니 모양으로 빚는다.

8 달걀지단을 부쳐 골패형으로 썬다.

9 끓는 장국에 만두를 넣어 끓여 간을 맞춘 후 대접에 담고 지단을 띄운다.

1

2

3

4

5

조리작업 순서

밀가루 반죽 ➡ 육수 끓이기 ➡ 소고기, 닭살 다지기 ➡ 두부 으깨기 ➡ 미나리, 숙주 데치기, 썰기 ➡ 소 양념하기 ➡ 만두 빚기 ➡ 장국에 만두 넣어 끓이기 ➡ 지단 부쳐서 골패형 썰기 ➡ 담기 ➡ 고명 얹기

TIP

◈ 작은 염낭처럼 오무려서 빚은 만두를 탕의 건더기로 한다.

◈ 늦가을 석류열매가 익어 입이 약간 벌어진 모양을 본떠서 빚었다.

승기악탕

재료 및 분량

도미 1마리, 소고기 200g, 무 100g, 달걀 3개, 미나리 20g, 건표고버섯 1장, 청고추 1개, 홍고추 1개, 석이버섯 5g, 쑥갓 10g, 식용유 약간, 밀가루

–

고명 : 황 · 백지단, 미나리 초대, 표고, 청고추, 홍고추, 호두, 잣
육수 : 도미머리와 뼈, 소고기 100g, 무 100g, 양파 1/2개, 마늘 3톨, 생강 1톨
완자 양념 : 소금 1/2작은술, 다진 파 1작은술, 다진 마늘 1/2작은술, 참기름 1/2작은술, 후춧가루

만드는 법

1 도미는 3장 뜨기하여 4cm 크기로 포를 떠서 소금, 후추로 밑간한다.

2 핏물을 뺀 도미 뼈와 머리에 소고기, 무, 양파, 마늘, 생강을 넣고 육수를 끓인다. 소고기와 무는 건져놓고, 육수는 소창에 걸러 소금과 간장으로 간을 맞춘다.

3 남은 소고기는 다져서 양념하여 1cm 크기로 완자를 만들어 밀가루, 달걀물을 입혀 지져낸다.

4 밑간한 도미포에 밀가루, 달걀물을 입혀 전을 지진다.

5 달걀은 황 · 백으로 분리하여 노른자는 그대로, 흰자는 곱게 다진 석이를 섞어 각각 지단을 부치고, 미나리는 초대를 부친다.

6 청 · 홍고추, 표고버섯, 고기 편육, 무, 미나리 초대, 달걀지단은 4cm×1cm 크기로 썬다.

7 전골냄비에 무와 편육 고기를 깔고 전을 담은 후 오방색 고명과 완자를 돌려 담고 잣, 호두 고명을 얹고 육수를 부어 끓여낸다.

1

2

3

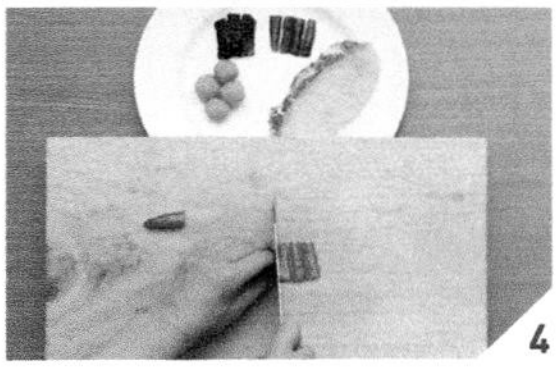
4

조리작업 순서

도미 포 뜨기 ➡ 육수 끓이기 ➡ 소고기 완자 만들기 ➡ 도미전 부치기 ➡ 지단 부치기 ➡ 미나리 초대 부치기 ➡ 오색 고명 준비 ➡ 무와 편육 썰기 ➡ 전골냄비에 담기

TIP

◈ 전골냄비에 낼 때 머리와 뼈를 사용해 도미 형태를 갖추어 담기도 한다.

애탕국

재료 및 분량

쑥 60g, 소고기 100g, 밀가루 2큰술, 달걀 2개, 실파 20g

–

육수 : 육수 3컵, 국간장 1작은술, 소금 1작은술
완자 양념 : 소금 1/2작은술, 다진 파 2작은술, 다진 마늘 1작은술, 참기름, 후춧가루 약간

만드는 법

1 어린 쑥은 살짝 데쳐 찬물에 헹구어 꼭 짠 후에 곱게 다진다.

2 소고기의 절반은 육수를 끓이고, 절반은 곱게 다진다.

3 다진 소고기에 다진 쑥을 넣고 양념하여 완자로 빚는다.

4 실파는 3cm로 썰고, 달걀은 황 · 백지단을 부쳐 마름모꼴로 썬다.

5 완자는 밀가루, 달걀옷을 입혀 놓는다.

6 육수에 간을 한 뒤 끓으면 ⑤의 완자를 하나씩 넣고 익힌다.

7 뚜껑을 닫고 한소끔 끓으면 실파를 넣고 그릇에 담아 지단을 올린다.

1

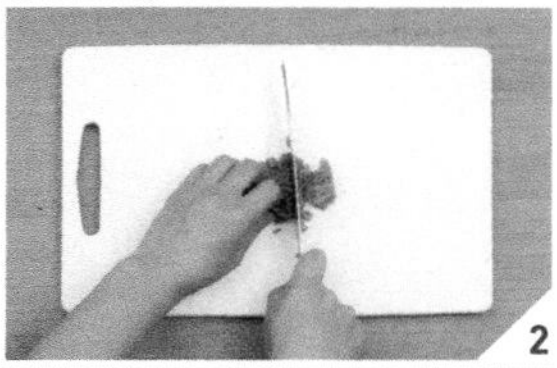
2

3

4

5

조리작업 순서

쑥 데치기 ➡ 육수 만들기 ➡ 쑥 다지기 ➡ 소고기 다지기 · 양념하기 ➡ 완자 빚기 ➡ 완자 밀가루 달걀 묻히기 ➡ 육수에 완자 익히기 ➡ 실파 넣기 ➡ 담기 ➡ 지단 올리기

어알탕

재료 및 분량

소고기 100g, 흰 생선살 150g, 달걀 1개, 실파 2뿌리, 녹말가루 5큰술, 잣 약간, 소금, 마늘, 생강, 식용유

–

장국 준비 : 대파 1/2대, 마늘 5쪽, 통검은후춧가루 3알, 국간장 2작은술
생선완자 양념 : 소금 1작은술, 다진 파 2작은술, 다진 마늘 1작은술, 참기름 1작은술, 생강즙 1/2작은술, 후춧가루 약간

❙ 만드는 법

1 장국용 소고기는 핏물을 뺀 후 향신채소와 함께 끓여 국물을 체에 내린 다음 기름기를 걷어 내고 국간장으로 간을 맞춘다.

2 생선살은 곱게 다져서 양념을 하여 치댄다. 끈기가 나면 녹말가루 1큰술을 넣어 섞은 후 잣을 하나씩 넣어 지름 1.5cm의 어알을 빚는다.

3 어알을 녹말가루에 굴린 후 찬물에 담갔다가 건져 내어 다시 녹말가루에 굴린다. 세 번 정도 반복하여 찜통에 젖은 행주를 깔고 찐다.

4 달걀은 황 · 백지단을 부쳐서 마름모꼴로 썰고, 실파는 4cm 길이로 썬다.

5 장국이 끓으면 어알을 넣고, 끓어오르면 실파를 넣어 그릇에 담고 지단을 띄워낸다.

1

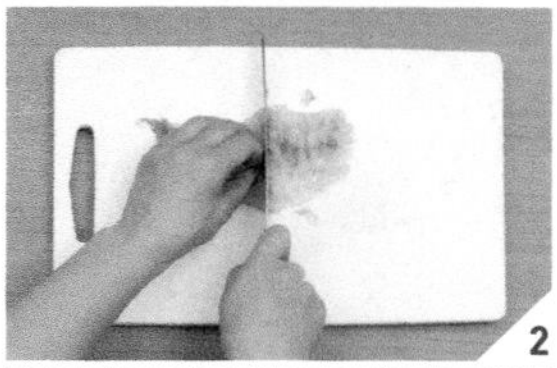
2

3

4

5

조리작업 순서

장국 끓이기 ➡ 생선 양념하기 ➡ 어알 만들기 ➡ 찬물에 담갔다가 녹말 묻히기(3번 반복) ➡ 찜통에 찌기 ➡ 달걀지단, 파 썰기 ➡ 어알 넣어 끓이기 ➡ 담기

TIP

◈ 어알탕은 소고기 대신 흰 생선살로 빚은 것으로, 교자상이나 주안상에 어울리는 국이다.

임자수탕

재료 및 분량

닭(중) 1/2마리(500g), 대파 1대, 마늘 2쪽, 생강 1톨, 흰깨 1컵, 소고기 50g, 두부 30g, 미나리 50g, 달걀 2개, 오이 1/3개, 마른 건표고버섯 2개, 붉은 고추 1/2개, 석이버섯 5g, 녹말가루 1큰술, 밀가루, 식용유, 소금, 후춧가루

—

완자 양념 : 소금 1/2작은술, 다진 대파 1작은술, 다진 마늘 1/2작은술, 참기름 1/2작은술, 후춧가루

| 만드는 법

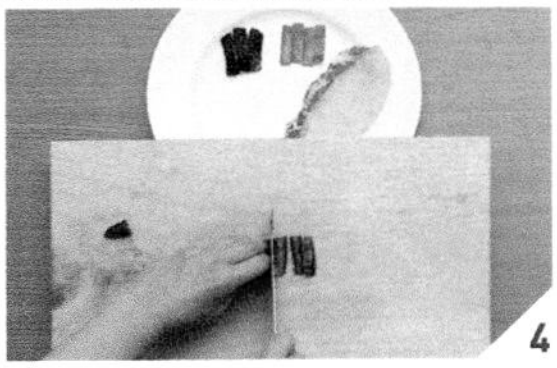

1 닭은 파, 마늘, 생강을 넣고 무르게 삶는다.

2 살은 찢어 소금과 흰 후춧가루로 양념하고 국물은 차게 식혀 기름을 걷는다.

3 흰깨는 물에 불려 거피하여 볶은 후, 닭 육수를 부어 곱게 간다. 깨 국물은 체에 밭쳐 소금과 흰 후춧가루로 간을 맞춘다.

4 다진 소고기에 두부를 섞어 양념하여 지름 1㎝의 완자를 빚는다.

5 완자는 밀가루와 달걀물을 입혀 지지고 미나리는 초대를 부친다.

6 달걀 1개는 황 · 백지단을 부친다.

7 황 · 백지단, 미나리 초대를 2cm×4cm의 골패형으로 썬다.

8 오이, 불린 표고버섯, 붉은 고추를 지단과 같은 크기로 썬다. 손질한 채소에 녹말가루를 씌워 끓는 물에 데쳐 찬물에 헹군다.

9 준비된 재료를 담고 깨 국물을 섞은 국물을 차게 해서 붓는다.

조리작업 순서

닭 삶기 ➡ 닭고기 및 육수 준비 ➡ 깨 국물 준비 ➡ 완자 지지기 ➡ 미나리 초대 부치기 ➡ 황 · 백지단 부치기 ➡ 채소 녹말가루 묻혀 데치기 ➡ 완성하기

게감정

재료 및 분량

꽃게 2마리, 물 6컵, 생강 1톨, 청주 1큰술, 고추장 4큰술, 된장 1큰술, 소고기(우둔살) 50g, 두부 50g, 숙주 70g, 무 150g, 달걀 1개, 파 1/2대, 다진 마늘 1작은술, 참기름, 후춧가루, 밀가루, 식용유

–

소 양념 : 소금 2/3큰술, 다진 파 2작은술, 다진 마늘 1작은술, 깨소금 1작은술

| 만드는 법

1 게는 깨끗이 손질하여 딱지를 떼어 게장을 긁어모은다. 게 몸통은 잘라서 살을 발라내고 다리는 뚝뚝 끊는다.

2 살을 발라낸 자투리에 생강, 후춧가루, 청주, 물을 붓고 끓인다. 육수는 체에 걸러 고추장과 된장으로 간한다.

3 다진 소고기, 으깬 두부, 데쳐서 송송 썬 숙주와 게살을 섞어 양념한다.

4 게딱지 안쪽의 물기를 닦고 기름을 살짝 바른다. 밀가루를 한 번 바른 다음 소를 채워 넣는다.

5 게딱지 위에 밀가루와 달걀물을 묻혀서 팬에 식용유를 두르고 전을 지지듯이 한 면만 지져 낸다.

6 무는 3cm×3.5cm×0.4cm 크기로 납작하게 썬다.

7 ②의 육수에 무를 넣고 끓이다가 말갛게 익으면 지져낸 게를 넣어 익힌다. 게가 익으면 어슷 썬 파를 넣는다.

조리작업 순서

게 손질 ➡ 게살 발라내기 ➡ 육수 끓이기 ➡ 소 준비 ➡ 게딱지에 소 넣기 ➡ 게 지지기 ➡ 육수에 무 넣고 끓이기 ➡ 게 넣고 끓이기

양동구리

재료 및 분량

양 300g, 소금 1큰술, 달걀 1개, 녹말가루 3큰술, 밀가루 1큰술, 식용유

–

양 양념 : 소금 1/2큰술, 파 2큰술, 마늘 1큰술, 참기름, 검은후춧가루
초간장 : 간장 1큰술, 식초 1/2큰술, 설탕 1/3큰술

만드는 법

1. 양은 두꺼운 부위를 골라서 소금과 밀가루로 문질러서 씻어 안쪽에 붙어있는 기름덩어리와 막을 벗긴다.
2. 끓는 물에 양을 잠깐 넣었다가 건져서 검은 막을 긁어내고 곱게 다진다.
3. 다진 양에 양념을 한 후 녹말가루와 달걀흰자를 풀어 고루 섞는다.
4. 달군 팬에 기름을 두르고 한 수저씩 떠서 동그랗게 지진다.
5. 초간장을 만들어 곁들여 낸다.

1

2

3

4

5

조리작업 순서

양 손질 ➡ 양 데치기 ➡ 검은 막 벗기기 ➡ 양 다지기 ➡ 양념하기 ➡ 팬에 지지기 ➡ 담기 ➡ 초간장 곁들이기

연근전

재료 및 분량

연근 80g, 밀가루 60g, 잣, 진간장, 식초, 설탕, 참기름, 식용유

–

밀가루 반죽 : 밀가루 4큰술, 물 3큰술, 진간장 1/2작은술, 참기름 1/2작은술
초간장 : 간장 1큰술, 식초 1/2큰술, 설탕 1작은술, 잣가루 1/2작은술

만드는 법

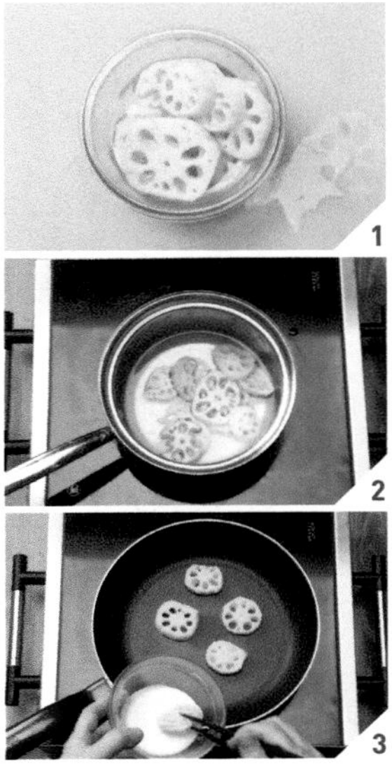

1 연근은 껍질을 벗기고, 0.3cm 두께로 썰어 식초물에 10여 분 정도 담가둔다.

2 끓는 물에 연근을 살짝 데친 다음 찬물에 헹구어 건진다.

3 분량대로 재료를 섞어 밀가루 반죽을 만든다.

4 데친 연근에 밀가루를 묻힌 후 밀가루 반죽을 씌워 열이 오른 팬에 노릇하게 지진다.

5 접시에 담고 초간장을 곁들여 낸다.

조리작업 순서

연근 손질 ➡ 식초물에 담그기 ➡ 연근 데치기 ➡ 밀가루 반죽 만들기 ➡ 연근 지지기 ➡ 담기 ➡ 초간장 곁들이기

장산적

재료 및 분량

소고기 80g, 두부 30g, 잣 10개, 파, 마늘

–

소고기, 두부양념 : 소금 1/2작은술, 설탕 1/4작은술, 파 2작은술, 마늘 1작은술, 참기름 1/2작은술, 검은후춧가루, 깨소금
조림장 : 간장 1큰술, 설탕 1큰술, 물 3큰술
고명 : 잣가루

만드는 법

1 소고기는 핏물을 제거한 후, 힘줄과 기름기를 제거하고 곱게 다진다.

2 두부는 면포에 짜서 물기를 제거하고 칼등으로 으깬다.

3 소고기 다진 것과 두부 으깬 것에 양념을 하여 잘 치댄다.

4 잣은 고깔을 떼고 종이 위에 놓고 칼날로 다져 잣가루를 만든다.

5 양념한 소고기를 두께가 0.7cm 되도록 반대기를 지어 가로, 세로 잔칼질을 곱게 한다.

6 석쇠를 달궈 기름을 바른 후 반대기를 굽고, 식으면 사방 2cm로 썬다.

7 냄비에 조림장을 넣고 끓인다. 조림장이 끓으면 산적을 넣고 국물이 자작하게 되도록 약불에서 조린다.

8 조린 장산적을 접시에 담고, 잣가루를 뿌린다.

1

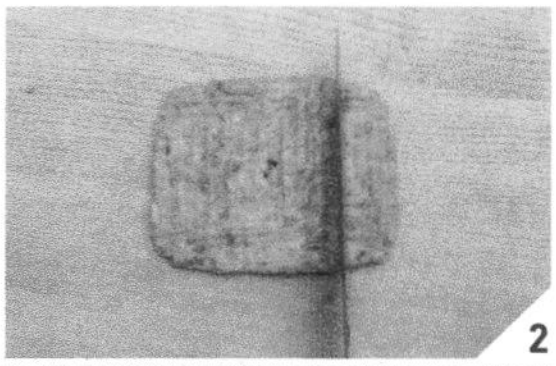
2

3

4

5

조리작업 순서

소고기 다지기 ➡ 두부 으깨기 ➡ 소고기, 두부 양념하기 ➡ 반대기 만들기 ➡ 석쇠에 굽기 ➡ 사방 2cm로 썰기 ➡ 조림장 만들기 ➡ 소고기 조리기 ➡ 담기 ➡ 잣가루 뿌리기

장떡

재료 및 분량

찹쌀가루 1컵, 풋고추 1/2개, 홍고추 1/2개, 고추장 1/2작은술, 고춧가루 1/2작은술, 된장 1/4작은술, 식용유

–

찹쌀가루 반죽 : 찹쌀가루 1컵, 물 1컵
반죽 양념 : 파 1작은술, 마늘 1/2작은술, 참기름 1작은술, 깨소금 1작은술, 검은후춧가루
고명 : 풋고추

만드는 법

1 찹쌀가루에 끓인 물과 된장, 고추장, 고춧가루를 넣고 고루 섞이도록 치댄다.

2 풋고추는 둥글게 썰어 씨를 털어낸다.

3 ①에 갖은 양념을 하여 지름 4cm 크기로 둥글납작하게 빚는다.

4 따뜻하게 달군 팬에 충분한 기름을 두르고 ③을 넣어 한쪽 면을 지진 후 뒤집어 그 위에 풋고추를 고명으로 올려 지져낸다.

5 접시에 예쁘게 담아낸다.

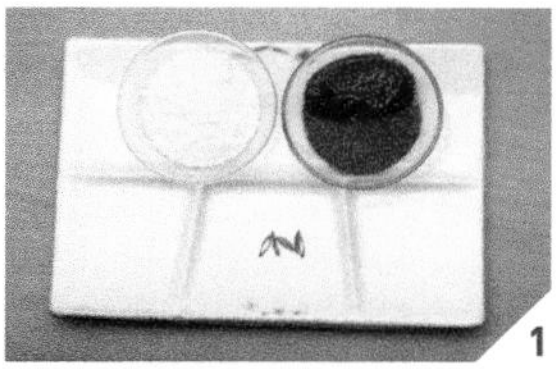
1

2

3

4

조리작업 순서

물 끓이기 ➡ 반죽하기 ➡ 고명 만들기(풋고추) ➡ 빚기 ➡ 팬에 지지기 ➡ 담기

TIP

◈ 찹쌀가루에 고추장, 된장이 들어가므로 소금은 넣지 않으며, 된장과 고추장의 농도에 따라 물의 양도 조절한다.

떡갈비

재료 및 분량

갈빗살 400g, 떡대 4개(갈비뼈 4개), 밤 4개, 밀가루, 식용유

–

고기 양념 : 간장 3큰술, 설탕 1½큰술, 다진 마늘 1큰술, 다진 파 1큰술, 깨소금 1큰술, 참기름 1/2큰술, 청주 약간, 실파 약간, 후춧가루 약간

만드는 법

1 갈비는 질긴 힘줄이나 기름덩어리는 도려내고 살코기만 골라서 곱게 다진다.

2 다진 갈빗살을 양념하여 끈기가 날 때까지 치대어 반죽한다.

3 떡대는 8cm 크기로 잘라 끓는 물에 살짝 데쳐 참기름을 발라둔다.

4 떡대를 도마 위에 놓고 앞뒤로 골고루 갈빗살을 붙여서 모양을 만들고, 한쪽 중앙에는 밤을 박고 반대편에는 칼집을 넣는다.

5 팬에 식용유를 두르고 약불에서 서서히 속까지 익도록 굽는다.

조리작업 순서

갈빗살 다지기 ➡ 고기 양념하기 ➡ 떡대 준비 ➡ 떡갈비 만들기 ➡ 떡갈비 굽기

TIP

◈ 떡갈비를 성형한 다음, 냉동고에 잠시 보관한 후에 구우면 구울 때 살이 흩어지지 않는다.

◈ 떡대 대신 갈비뼈를 이용할 때는 석쇠에 갈비뼈를 올려 뒤적이며, 중불에서 타지 않도록 구워 사용하면 갈비뼈에 고기가 잘 붙는다.

쇠갈비구이

재료 및 분량

갈비 400g, 잣

–

갈비 양념 : 간장 2큰술, 설탕 2큰술, 다진 파 1큰술, 다진 마늘 1작은술, 배즙 1큰술, 참기름, 후춧가루

만드는 법

1 갈비는 6~7cm 길이로 준비하여 기름기를 제거한다.

2 갈비뼈의 한쪽 면에 길이로 칼집을 넣어 껍질을 벗기고 한쪽 면에 고기가 붙어있게 한다.

3 고기를 앞뒤로 번갈아가며 포를 뜬 후에 0.7cm 간격으로 칼집을 준다.

4 양파, 배는 믹서에 갈아 나머지 재료와 섞어 양념장을 만든다.

5 손질한 갈비를 양념장에 재운다.

6 석쇠를 뜨겁게 하여 갈비를 놓고, 한 면이 거의 익으면 뒤집어 다른 한 면을 굽는다.

7 구운 갈비는 접시에 가지런히 담고 잣가루를 뿌린다.

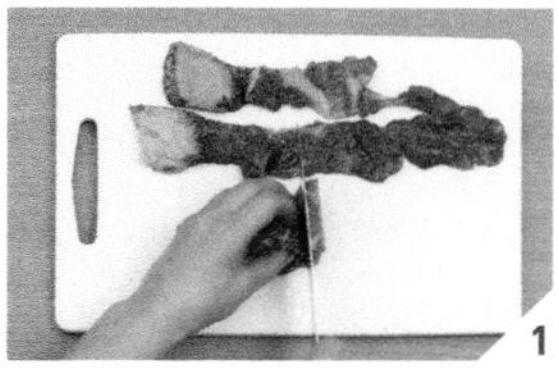
1

2

3

4

조리작업 순서

갈비 손질 ➡ 양념장 만들기 ➡ 양념장에 재우기 ➡ 석쇠에 굽기 ➡ 잣가루 뿌리기

꽃게찜

재료 및 분량

꽃게(중) 1마리, 소고기 50g, 두부 20g, 달걀 1개, 청 · 홍고추 1개,
석이버섯 2장, 대파, 마늘, 생강

–

소 양념 : 소금 1/3작은술, 파 2작은술, 마늘 2작은술, 생강즙, 깨소금 1작은술, 참기름 1작은술, 검은후춧가루
고명 : 황 · 백지단, 청 · 홍고추, 석이버섯

만드는 법

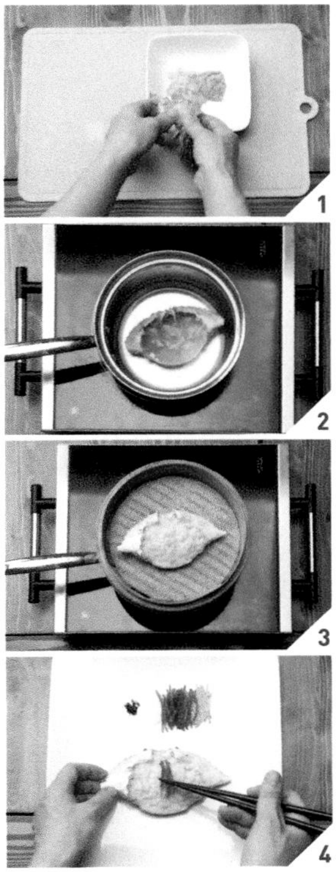

1. 꽃게는 솔로 깨끗이 씻은 후, 살만 발라내어 그릇에 모으고 게딱지는 깨끗이 씻어 살짝 데쳐 놓는다.
2. 소고기는 기름기를 제거하여 살만 곱게 다지고, 두부는 물기를 빼고 칼등으로 으깨어 놓는다.
3. 꽃게살, 소고기, 두부를 합하고 달걀 약간, 소 양념을 넣어 끈기가 나도록 섞는다.
4. 석이버섯은 곱게 채 썰고, 청 · 홍고추와 황 · 백지단도 곱게 채 썰어 고명을 준비한다.
5. 게딱지 안쪽에 기름을 얇게 바른 후 밀가루를 살짝 뿌리고 소를 채운 후 김이 오른 찜통에 넣어 10~15분 찐다.
6. 꽃게찜 위에 황 · 백지단과 청 · 홍고추, 석이버섯을 고명으로 얹고 살짝 뜸을 들인다. 초간장을 곁들여 낸다.

조리작업 순서

꽃게 손질, 살 바르기 ➡ 껍질 삶기 ➡ 소 만들기 ➡ 고명 준비 ➡ 게딱지에 밀가루 뿌리기 ➡ 소 넣기 ➡ 찌기 ➡ 고명 얹어 뜸 들이기 ➡ 담기 ➡ 초간장 곁들이기

대합찜

재료 및 분량

대합 2개, 소고기 30g, 두부 30g, 숙주 30g, 홍고추 1개, 달걀 2개, 대파, 마늘, 밀가루

–

소 양념 : 소금 1작은술, 설탕 1/2작은술, 파 2작은술, 마늘 1작은술, 참기름 1작은술, 깨소금 2작은술, 검은후춧가루
고명 : 황 · 백지단, 홍고추
초간장 : 간장 1큰술, 식초 1/2큰술, 설탕 1작은술, 잣가루 1/2작은술

만드는 법

1 대합은 솔로 깨끗이 씻어 소금물에 담가 해감한다.

2 대합은 끓는 물에 살짝 삶아 껍질이 벌어지면 바로 꺼내어 살만 발라 곱게 다진다. 대합 껍질은 깨끗이 씻어 놓는다.

3 숙주는 끓는 물에 살짝 데쳐서 송송 썰어 물기를 짠다.

4 소고기는 기름기를 제거하여 곱게 다지고, 두부는 면포에 짜서 물기를 제거하고 칼등으로 으깬다.

5 다진 대합살에 소고기, 두부, 숙주를 합하여 양념한다.

6 달걀 1개는 황 · 백지단을 부쳐서 곱게 채 썰고, 홍고추도 곱게 채 썬다.

7 대합 껍질 안쪽에 기름을 얇게 바른 후 밀가루를 살짝 뿌리고 소를 채운다.

8 소를 채운 대합 윗면에 밀가루를 묻히고 달걀물을 발라서 김이 오른 찜통에 넣어 10~15분 찐다.

9 대합찜 윗면에 황 · 백지단과 홍고추 채를 얹고 살짝 뜸을 들인다. 초간장을 곁들여 낸다.

1

2

3

4

5

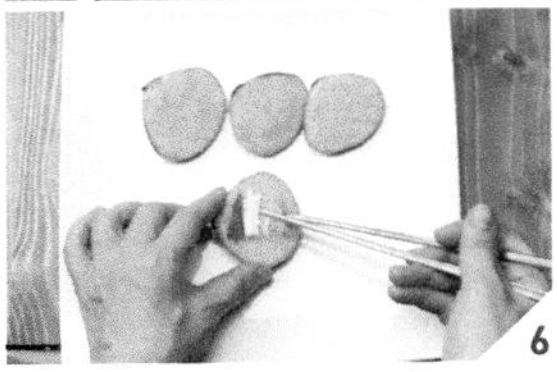
6

조리작업 순서

대합 데치기 ➡ 대합 살 다지기 ➡ 소 만들기 ➡ 고명 준비 ➡ 소 넣기 ➡ 밀가루, 달걀물 바르기 ➡ 찌기 ➡ 고명 얹어 뜸 들이기 ➡ 초간장 곁들이기

대하잣즙무침

재료 및 분량

대하 5마리, 죽순 50g, 오이 1/2개,
사태 100g, 파, 마늘, 잣

–

잣즙 : 잣가루 6큰술, 참기름 1작은술, 육수 4큰술, 소금 1작은술, 검은후춧가루

만드는 법

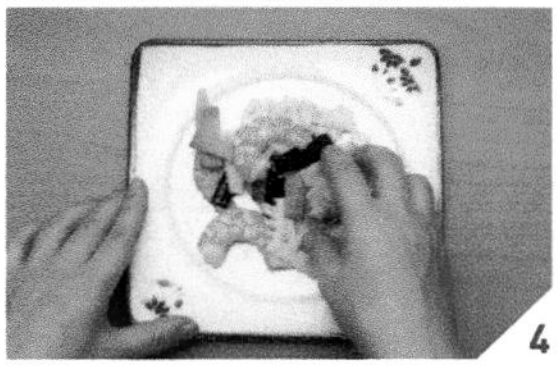

1. 대하는 껍질째 깨끗이 씻어 내장을 제거하고 찜기에 찐다.
2. 찐 새우가 식으면 껍질을 제거하고 반으로 갈라놓는다.
3. 끓는 물에 파, 마늘 등 향미채소와 고기를 넣어 삶아 편육을 만든다.
4. 오이는 소금으로 문질러 씻은 후 길이로 반 잘라 어슷썰어 소금에 절인다.
5. 죽순은 길이 4cm로 썰어 반으로 갈라 석회질을 제거하고 빗살무늬를 살려 썬다.
6. 사태는 죽순과 같은 크기로 썰어 놓는다.
7. 오이, 죽순은 소금, 참기름을 넣어 팬에 볶는다.
8. 도마 위에 종이를 깔고 잣을 칼로 곱게 다져 육수와 양념을 섞어 잣즙을 만든다.
9. 대하를 먼저 잣즙 1큰술로 버무린다. 나머지 재료와 남은 잣즙을 넣어 섞은 다음 담아낸다.

조리작업 순서

대하 찌기 ➡ 오이, 죽순 썰기 ➡ 편육 삶기 ➡ 찐 대하 반 가르기 ➡ 오이, 죽순 볶기 ➡ 잣즙 만들기 ➡ 섞기(대하, 죽순, 편육, 오이) ➡ 담기

TIP

- 잣즙육수는 새우를 찐 물을 체에 걸러 사용한다.
- 모든 재료는 차게 준비하여 먹기 직전에 잣즙을 넣는다.

죽순채

재료 및 분량

죽순 300g, 소고기 120g, 건표고버섯 2개, 미나리 50g, 숙주나물 100g, 홍고추 1개, 달걀 1개

–

고기 양념 : 간장 1큰술, 설탕 1/2큰술, 파 1작은술, 마늘 1작은술, 참기름 약간, 깨소금 약간, 검은후춧가루
죽순채 양념 : 간장 1작은술, 설탕 1작은술, 식초 1큰술
고명 : 황 · 백지단

만드는 법

1

2

3

4

1 삶은 죽순은 껍질을 벗겨 반으로 갈라서 빗살 모양으로 납작하게 썬다.

2 소고기는 채 썰고, 물에 불린 표고버섯은 기둥을 떼어내고 채 썰어 함께 양념한다.

3 미나리는 잎을 떼어 다듬고, 숙주는 머리와 꼬리를 다듬어서 끓는 물에 소금을 약간 넣어 데친다. 데친 미나리는 4cm 길이로 자른다.

4 홍고추는 반으로 갈라 씨를 제거하고 4cm 길이로 채 썬다.

5 달걀은 황 · 백지단을 부쳐서 4cm 길이로 채 썬다.

6 죽순, 홍고추, 소고기, 표고버섯 순서로 볶는다.

7 볶은 재료를 한데 모아서 죽순채 양념을 넣어 고루 무친다.

8 접시에 담고 황 · 백지단을 고명으로 얹는다.

조리작업 순서

표고버섯 불리기 ➡ 죽순 빗살모양 썰기 ➡ 소고기, 표고 채 썰어 양념 ➡ 미나리, 숙주 데치기 ➡ 홍고추 채 썰기 ➡ 달걀지단 ➡ 볶기(죽순, 홍고추, 소고기, 표고버섯) ➡ 모두 섞어 양념하기 ➡ 담기 ➡ 고명 얹기

TIP

◈ 죽순은 뾰족한 쪽의 끝을 5cm 정도 어슷하게 자르고, 길이로 밑등에 칼집을 넣어 냄비에 쌀뜨물과 마른 고추를 한데 넣어 1시간 정도 삶아서 그대로 식힌다. 여러 번 물을 갈아주어 아린 맛을 없앤다.

해물겨자채

재료 및 분량

갑오징어 1/2마리, 차새우 3마리, 알새우 80g, 깐소라살 1개, 오이 1/2개,
셀러리 1/2줄기, 밤 2개, 금귤 3개, 방울토마토 3개, 대추 3개, 잣 1큰술

–

겨자개기 : 겨자 1큰술, 물 1/2큰술
겨자소스 : 발효겨자 1큰술, 식초 1½큰술, 설탕 1½큰술, 간장 1/2작은술, 소금 1/3작은술

❙ 만드는 법

1 오징어 몸살은 0.2cm 간격으로 칼집을 넣어 끓는 물에 데친 후 0.2cm 두께의 꽃무늬형으로 썬다.

2 알새우와 차새우는 찜통에 쪄서 껍질을 벗긴 후, 반으로 갈라 등 쪽의 내장을 제거한다.

3 소라 살은 모양을 살려서 0.2cm 두께로 편썰기한다.

4 오이는 0.2cm 두께로 동그랗게 썰어 살짝 절인다.

5 셀러리는 껍질을 벗겨 V자형으로 썰어 준비한다.

6 밤은 껍질을 벗겨 0.2cm 두께로 편썰고, 금귤과 방울토마토도 0.2cm 두께로 편썬다.

7 대추는 씨를 빼고 2~3등분한다.

8 발효겨자에 나머지 재료를 모두 섞어 겨자소스를 준비한다.

9 해물재료를 겨자소스로 먼저 버무린 후 ④~⑦의 준비된 채소와 섞는다.

10 겨자채를 접시에 담은 후 잣을 뿌린다.

조리작업 순서

오징어 칼집 넣기 ➡ 알새우, 차새우 손질 ➡ 소라 손질 ➡ 오이 썰어 절이기 ➡ 셀러리, 밤, 금귤, 방울토마토, 대추 썰기 ➡ 소스 만들기 ➡ 겨자소스에 버무리기 ➡ 담기 ➡ 잣 뿌리기

파강회

재료 및 분량

쪽파 10개, 달걀 1개, 홍고추 1개, 소고기(사태) 50g

–

초고추장 : 고추장 2큰술, 식초 1½큰술, 설탕 1큰술

만드는 법

1 쪽파는 다듬어 씻어 10cm 정도의 길이로 썰어 소금을 넣고 끓는 물에 데친다.

2 사태는 끓는 물에 삶아 편육을 만들어 4cm×0.3cm×0.3cm 크기로 썰어둔다.

3 달걀은 황 · 백으로 나누어 도톰하게 지단을 부쳐서 4cm×0.3cm×0.3cm 크기로 썰어둔다.

4 홍고추는 반으로 갈라 씨를 빼고 지단과 같은 크기로 썬다.

5 실파를 한 가닥 만들고 편육, 홍고추, 황 · 백지단을 보기 좋게 세워서 4cm 정도의 길이로 만다.

6 접시에 담아 초고추장과 같이 낸다.

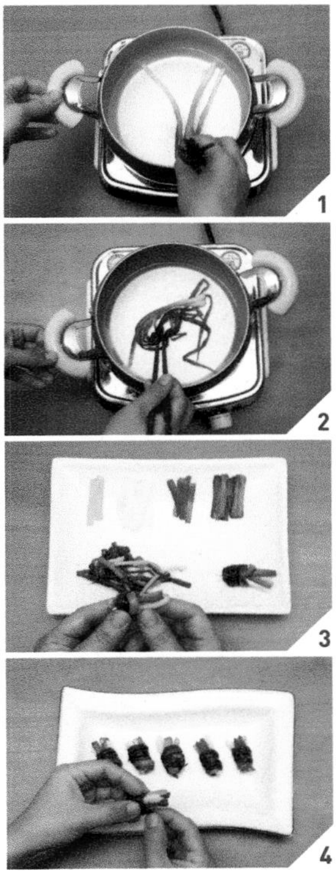

조리작업 순서

물 끓이기 ➡ 파 데치기 ➡ 사태 삶기 ➡ 홍고추 썰기 ➡ 지단 부쳐 썰기 ➡ 편육 썰기 ➡ 말기 ➡ 담기 ➡ 초고추장 곁들이기

삼합장과

재료 및 분량

생홍합 200g, 생전복 300g, 불린 해삼 200g, 소고기 100g

–

고기 양념 : 간장 1큰술, 설탕 1/2큰술, 후춧가루, 흰 파, 마늘, 생강
조림장 : 간장 4큰술, 물 4큰술, 설탕 2큰술, 참기름, 후춧가루, 잣가루

만드는 법

1 소고기(우둔살)는 납작하게 저며 썰어 양념한다.

2 홍합은 털과 얇은 막을 없애고 끓는 물에 데친다.

3 전복은 껍질째 솔로 깨끗이 씻고, 살의 검은 막은 소금으로 문질러 씻어 찜통에 살짝 쪄서 내장을 떼어내고 얇게 저며 썬다.

4 불린 해삼은 내장을 빼고 씻어 어슷하게 저며 썬다.

5 조림장이 끓어오르면 먼저 양념한 소고기를 넣어 조린다.

6 소고기가 익으면 후춧가루와 해물을 넣어 고루 간이 배이도록 서서히 조린다.

7 국물이 졸아들면 참기름을 넣어 고루 섞은 후 그릇에 담고 잣가루를 뿌린다.

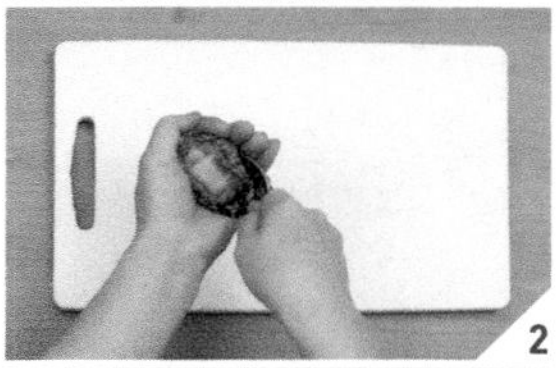

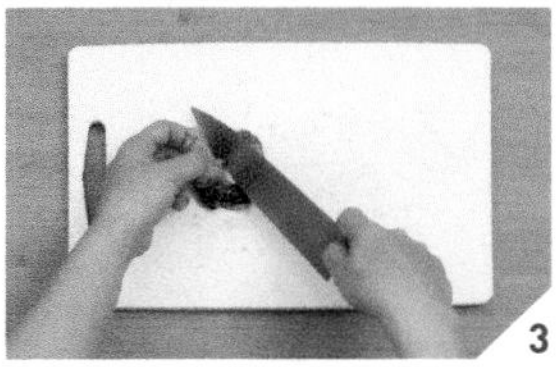

조리작업 순서

소고기 양념 ➡ 홍합 데치기 ➡ 전복 썰기 ➡ 해삼 썰기 ➡ 조림장 준비 ➡ 조림장에 소고기 조리기 ➡ 해물(홍합, 전복, 해삼) 조리기 ➡ 담기 ➡ 참기름, 잣가루 뿌리기

호두장과

재료 및 분량

호두 200g, 소고기 100g, 밤 3개, 대추 5개, 잣 1큰술, 참기름 1작은술

–

소고기 양념 : 간장 1큰술, 설탕 1/3큰술, 다진 파 1작은술, 다진 마늘 1작은술, 참기름, 깨소금, 후춧가루
조림장 : 간장 4큰술, 설탕 2큰술, 물 4큰술, 생강 1쪽, 마늘 1쪽

만드는 법

1

2

3

1 호두 살은 반으로 쪼개서 심을 빼고 뜨거운 물에 잠깐 담가 속껍질을 벗긴다.

2 파는 다지고 생강과 마늘은 반은 다지고 반은 편썬다.

3 소고기는 곱게 다져 양념하여 치댄 다음, 지름 1cm로 완자를 빚어 팬에 굴려가면서 익힌다.

4 조림장 재료를 모두 넣고 우르르 끓으면 체에 걸러 조림장을 만든다.

5 열이 오른 팬에 기름을 두르고 호두를 넣고 볶다가 대추, 밤과 조림장을 넣고 조린다.

6 완자를 넣고 조림장이 졸아들면 불을 끈 다음, 잣을 넣고 참기름으로 마무리한다.

조리작업 순서

호두 속껍질 벗기기 ➡ 파, 마늘, 생강편 썰기 ➡ 완자 만들기 ➡ 조림장 만들기 ➡ 호두 볶기 ➡ 조리기(대추, 밤, 완자, 잣) ➡ 담기

연근조림

재료 및 분량

연근 300g, 식초 1큰술, 간장 4큰술,
설탕 2큰술, 물엿 2큰술, 참기름 약간

–

조림장 : 간장 4큰술, 설탕 2큰술, 물 1컵

만드는 법

1 연근은 너무 굵지 않은 것으로 구입하여, 껍질을 벗기고 0.3cm 두께로 썰어 식초물에 10여 분 담가둔다.

2 끓는 물에 연근을 넣어 살짝 데친 다음 찬물에 한 번 헹군 후 찬물에 담가둔다.

3 냄비에 연근이 잠길 만큼의 물을 넣고 조림장을 넣어 서서히 조린다.

4 반쯤 졸면 물엿을 넣고 조리다가 완성되면 깨소금을 뿌리고 그릇에 담는다.

1

2

3

4

조리작업 순서

연근 손질 ➡ 연근 데치기 ➡ 조림장 만들기 ➡ 연근 조리기 ➡ 담기

TIP

◈ 연근은 식초물에 담가야 변색을 막을 수 있다.

◈ 조림은 처음부터 뚜껑을 열고 조리며, 불에서 내리기 바로 전에 센 불에서 살짝 끓여 수분을 날려야 색이 선명하고 윤기가 난다.

깍두기

재료 및 분량

무 500g, 미나리 30g, 실파 30g, 마늘 1큰술, 생강 1/2큰술,
새우젓 1큰술, 고춧가루 3큰술, 소금

| 만드는 법

1 무는 사방 2cm의 정도로 깍둑썰기한다.

2 실파와 미나리는 3cm 길이로 썰어 놓는다.

3 마늘, 생강은 다지고 새우젓의 건지는 건져 다져 놓는다.

4 무에 먼저 고춧가루를 잘 버무려 색을 낸 다음 파, 마늘, 생강, 새우젓을 넣는다.

5 양념한 무에 미나리, 실파를 넣고 소금으로 간을 맞추어 고르게 버무려 그릇에 담는다.

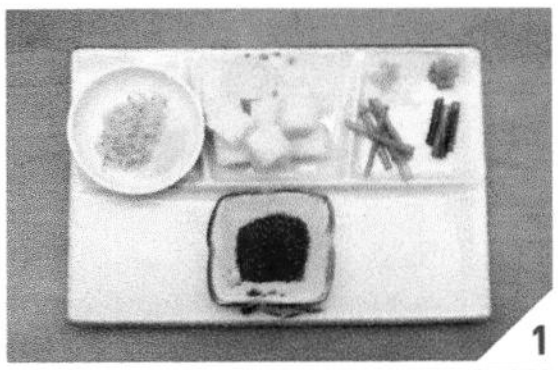

조리작업 순서

무 썰기 ➡ 실파, 미나리 썰기 ➡ 마늘, 생강, 새우젓 다지기 ➡ 무 물들이기 ➡ 버무리기 ➡ 담기

TIP

◈ 깍두기에 넣는 양념은 다져서 넣어야 무에 고루 묻는다.

장김치

재료 및 분량

무 50g, 배추 80g, 갓 20g, 미나리 10g, 파 10g, 건표고버섯 1장, 석이버섯 1장, 대추 1개, 생강 1쪽, 마늘 2쪽, 배 1/8개, 실고추 약간, 밤 2개, 잣 1작은술, 간장 3큰술, 설탕 1작은술, 물 1컵

–

고명 : 실고추, 석이채, 대추채, 잣

만드는 법

1 무는 3cm×2.5cm×0.2cm로 썰어 간장으로 절인다.

2 배추도 무와 같은 크기로 나박나박 썬다. 무가 어느 정도 절여지면 배추를 함께 넣어 절인다.

3 파, 마늘, 생강은 3cm×0.1cm로 곱게 채 썬다. 미나리, 표고버섯, 석이버섯은 손질하여 3cm로 짧게 채 썬다.

4 배는 무 크기로 썰고, 밤은 편 썰기하며 잣은 고깔을 뗀다.

5 대추는 돌려깎기하여 씨를 빼고 채 썬다.

6 절인 무와 배추는 국물을 따르고, 나머지 재료를 섞어놓는다.

7 ⑥의 국물에 물과 간장으로 간을 맞추고, 섞은 재료에 국물을 부어 그릇에 담는다.

8 실고추와 석이버섯, 대추채, 잣을 고명으로 올린다.

1

2

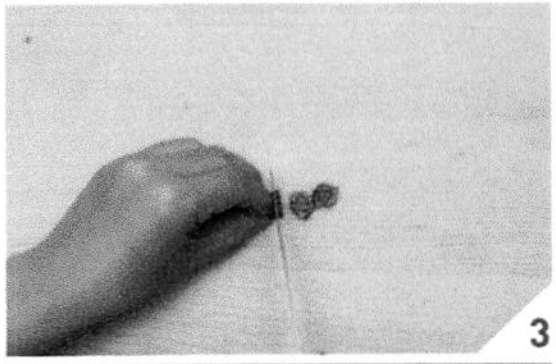
3

4

5

조리작업 순서

무, 배추 썰기 ➡ 간장에 절이기 ➡ 부재료(파, 마늘, 생강) 썰기 ➡ 고명 준비(실고추, 석이, 대추, 잣) ➡ 국물 따르기 ➡ 배추, 무와 부재료 섞기 ➡ 국물 간하기, 붓기 ➡ 고명 올리기

TIP

◈ 장김치의 국물색은 조금 진하게 해야 재료를 다 넣었을 때 색이 맞는다.

매듭자반

재료 및 분량

다시마 1장(20×20cm), 잣 1½큰술,
설탕 1작은술, 기름 1컵

❙ 만드는 법

1 다시마는 굵은 부분으로 골라 젖은 거즈로 먼지를 닦는다.

2 다시마는 8cm×0.5cm로 자르고, 양끝을 리본처럼 오린다.

3 다시마는 매듭을 짓고, 매듭 사이에 잣을 넣은 후 빠지지 않도록 묶는다.

4 열이 오른 기름(140℃)에 ③을 넣어 기름 위로 떠오르면 바로 건져서 한지 위에 놓고 기름을 뺀다.

5 매듭자반이 뜨거울 때 설탕을 뿌려 그릇에 담는다.

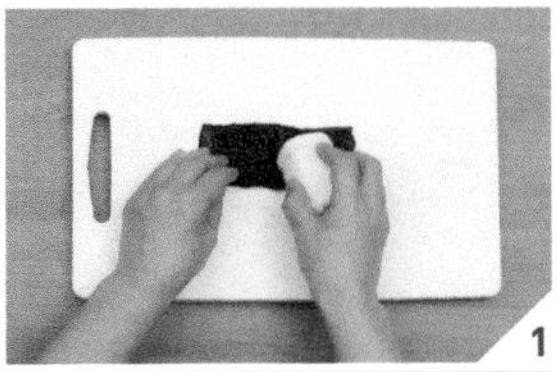

조리작업 순서

다시마 먼지 닦기 ➡ 자르기 ➡ 매듭짓기 ➡ 튀기기 ➡ 기름 빼기 ➡ 설탕 뿌리기

대추초

재료 및 분량

대추 10개, 꿀 2큰술,
잣 1큰술, 계핏가루 약간

| 만드는 법

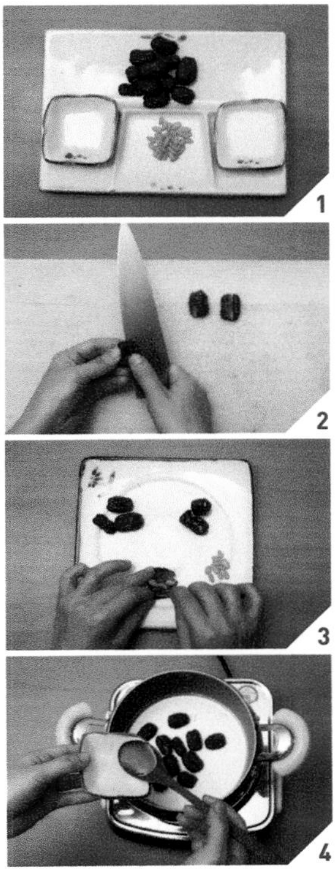

1. 대추는 가볍게 씻어 물기를 제거하고 반으로 갈라 씨를 뺀다.
2. 대추 안쪽에 꿀을 바르고 잣을 4~5개 넣어 제 모양대로 오므린다.
3. 냄비에 꿀과 계핏가루를 넣어 저은 후 약한 불에서 대추를 넣고 고루 조린다.
4. 대추초를 하나씩 떼어서 잣을 박은 쪽이 위로 가도록 그릇에 담는다.

조리작업 순서

대추씨 빼기 ➡ 대추모양 만들기 ➡ 조리기 ➡ 담기

TIP

◈ 먼저 대추만 조리고 잣을 나중에 채워서 만들기도 한다.

밤초

재료 및 분량

밤 10개, 설탕 30g, 물 1½컵,
꿀 2큰술

만드는 법

1 밤은 껍질을 벗겨서 물에 담가둔다.

2 끓는 물에 밤을 살짝 데쳐낸다.

3 다시 냄비에 밤이 잠길 만큼 물을 붓고 설탕을 넣어 센 불에서 끓인다.

4 끓어오르면 불을 약하게 줄이고 거품은 걷어내면서 서서히 조린다.

5 설탕물이 2큰술 정도 남으면 꿀을 넣어 잠시 더 조리다가 그릇에 담는다.

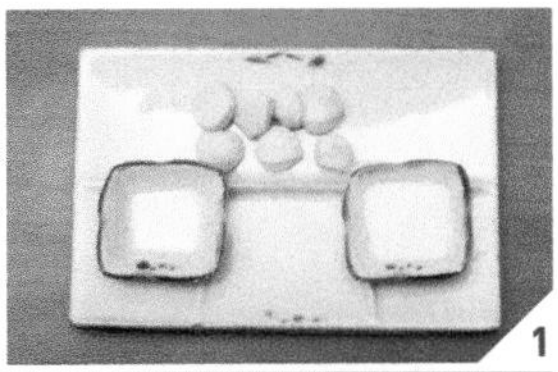
1

2

3

4

조리작업 순서

밤 손질 ➡ 밤 데치기 ➡ 밤 조리기(설탕, 물) ➡ 꿀 넣기 ➡ 담기

TIP

- 밤은 속껍질이 있는 물에 식초를 넣어 담가두어야 색이 변하지 않는다.
- 묵은 밤을 조리면 부숴지기 쉬운데 명반에 담갔다가 조리하면 덜 부서진다.
- 기호에 따라 계핏가루를 넣어 조리거나 잣가루를 고명으로 올리기도 한다.

삼색경단

재료 및 분량

찹쌀 2컵, 따뜻한 물, 잣, 시럽

–

고물 : 볶은 콩가루 1/2컵, 녹차케이크가루 1/2컵, 검은깨 1/2컵

만드는 법

1 찹쌀가루는 고운 체에 쳐서 끓는 물을 넣고 익반죽한다.

2 콩가루는 볶은 콩가루로 준비한다.

3 녹차케이크는 잘게 부수어 굵은 체에 내려 가루로 만든다.

4 검은깨는 볶아 놓는다.

5 익반죽 덩어리를 일정한 크기로 떼어서 잣을 1알씩 넣어 지름 2cm 크기로 동그랗게 빚는다.

6 ⑤를 끓는 물에 삶아 동동 뜨면 조리로 건져내어 찬물에 담가 식혀서 물기를 빼고 시럽에 담근다.

7 ⑥을 건져서 3등분하여 3색 고물을 묻혀 접시에 보기 좋게 담는다.

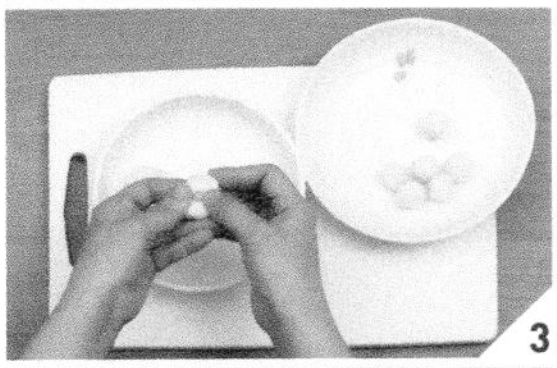

조리작업 순서

찹쌀가루 익반죽 ➡ 고물 준비 ➡ 경단 빚기 ➡ 끓는 물에 삶기 ➡ 고물 묻히기

TIP

◈ 고물은 케이크 가루, 푸른 콩가루, 깻가루 등 요구사항대로 사용한다.

약식

재료 및 분량

불린 찹쌀 5컵, 물 1/4컵, 소금 1/2작은술,
밤 10개, 대추 10개, 잣 3큰술

—

양념 : 황설탕 1/2컵, 간장 3큰술, 대추물 1큰술, 꿀 3큰술, 참기름 3큰술

❙ 만드는 법

1 찜통에 소창을 깔고 불린 찹쌀을 30분 정도 찐다. 찌는 도중에 나무주걱으로 두세 번 고루 섞어준다.

2 대추는 돌려 깎아 씨를 발라내고 2~3등분 길이로 자르고, 대추씨는 물을 조금 붓고 고아서 대추물을 만든다.

3 밤은 껍질을 벗겨 2~3등분으로 자른다.

4 잣은 고깔을 뗀다.

5 ①의 찐 찰밥이 뜨거울 때 큰 그릇에 쏟아 펼쳐 양념을 넣어 고루 섞고 밤, 대추를 넣어 다시 버무린다.

6 찜통에 소창을 깔고 ⑤의 버무린 약식을 담고 중불에서 밤이 익을 정도로 15분 찐다.

7 ⑥의 약식을 큰 그릇에 쏟아 펼쳐 잣을 넣고 고루 섞은 후 담는다.

1

2

3

4

5

조리작업 순서

찹쌀 찌기 ➡ 밤, 대추 손질 ➡ 대추물 끓이기 ➡ 양념 만들기 ➡ 양념 섞기 ➡ 찌기 ➡ 잣 혼합 ➡ 담기

TIP

◈ 캐러멜소스로 색을 내기도 한다.

편강

재료 및 분량

생강 100g, 꿀 1큰술, 설탕 70g, 소금

–

생강 데칠 물 : 물 1컵, 소금 1/4작은술
생강 조림물 : 설탕 50g, 물 3컵

만드는 법

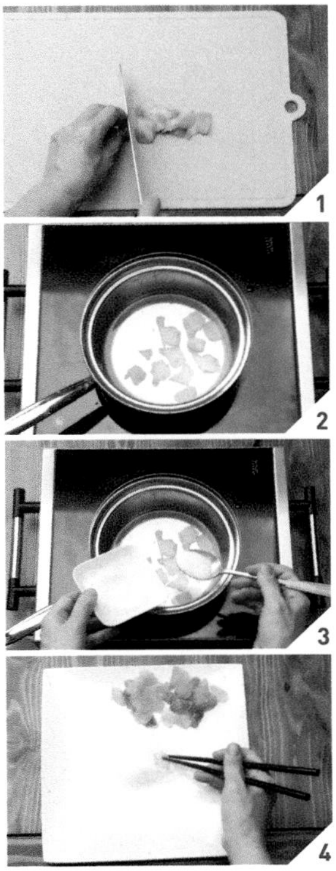

1 생강은 껍질을 벗겨 0.2cm 두께로 납작납작하게 편으로 썬다.

2 끓는 물에 소금을 넣고 생강을 살짝 데쳐 찬물에 헹구어 건진다.

3 냄비에 설탕, 물, 생강을 넣어 처음에는 센 불에서 끓이다가 약불에서 천천히 조린다.

4 도중에 생기는 거품은 수저로 걷어낸다.

5 설탕물이 거의 졸았을 때 꿀을 넣어 위아래로 잘 섞고 잠시 더 윤기가 나도록 조린다.

6 생강이 윤기가 나고 투명하게 조려졌으면 체에 밭쳐 하나씩 떼어 식힌다.

7 생강에 설탕을 묻혀서 접시에 담아낸다.

조리작업 순서

생강 편 썰기 ➡ 생강 데치기 ➡ 생강 조리기 ➡ 꿀 넣어 조리기 ➡ 체에 건져 식히기 ➡ 설탕 묻히기 ➡ 담기

수정과

재료 및 분량

통계피 30g, 생강 50g, 설탕 1컵, 주머니곶감 3개, 호두 3알, 잣

계피물 : 통계피 30g, 물 6컵
생강물 : 생강 50g, 물 6컵
고명 : 잣

만드는 법

1 통계피는 깨끗이 씻어 끓여서 고운 체에 거른다.

2 생강은 껍질을 벗겨서 얇게 저며 썰어 서서히 끓여 고운 체에 거른다.

3 ①과 ②를 섞어 설탕을 넣고 살짝 끓인 다음 식힌다.

4 주머니곶감은 꼭지를 떼고 세로로 칼집을 넣어 씨를 빼고 깐 호두를 넣어 말아놓는다.

5 말아놓은 곶감쌈을 1cm 두께로 썰어둔다.

6 완전히 식힌 ③을 그릇에 담아 곶감 쌈과 잣을 고명으로 얹어낸다.

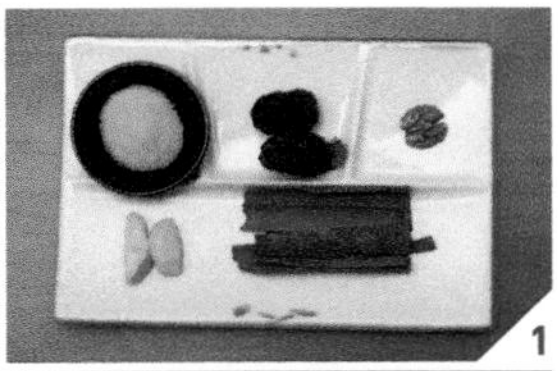

조리작업 순서

통계피와 생강 각각 끓이기 ➡ 섞어 끓이기 ➡ 곶감쌈 만들어 썰기 ➡ 담기 ➡ 곶감쌈, 잣 얹기

TIP

◈ 호두의 속껍질은 따뜻한 물에 불려 꼬챙이로 껍질을 벗긴다.

Korean-style food